果树科学种植大讲堂

图解杏良种良法

王玉柱　杨　丽　孙浩元　张俊环◎编著

图书在版编目（CIP）数据

图解杏良种良法／王玉柱等编著．—北京：科学技术文献出版社，2013.2

（果树科学种植大讲堂）

ISBN 978-7-5023-7680-2

Ⅰ.①图… Ⅱ.①王… Ⅲ.①杏－良种繁育－图解 Ⅳ.①S662.238-64

中国版本图书馆 CIP 数据核字（2012）第 308483 号

图解杏良种良法

策划编辑：孙江莉 责任编辑：孙江莉 责任校对：张吲哚 责任出版：张志平

出 版 者　科学技术文献出版社
地　　址　北京市复兴路 15 号　邮编 100038
编 务 部　(010)58882938，58882087(传真)
发 行 部　(010)58882868，58882866(传真)
邮 购 部　(010)58882873
官方网址　http://www.stdp.com.cn
淘宝旗舰店　http://stbook.taobao.com
发 行 者　科学技术文献出版社发行　全国各地新华书店经销
印 刷 者　北京时尚印佳彩色印刷有限公司
版　　次　2013 年 2 月第 1 版　2013 年 2 月第 1 次印刷
开　　本　850×1168　1/32 开
字　　数　90 千
印　　张　3.5
书　　号　ISBN 978-7-5023-7680-2
定　　价　22.00 元

#《果树科学种植大讲堂》丛书

丛书总序

我国果树栽培历史悠久、资源丰富。据统计，2010年全国水果栽培面积已达1154.4万公顷，总产21401.4万吨，无论产量还是面积均居世界首位。我国果品年产值约2500亿元，有9000万人从事果品产业，果农人均收入2778元。果树产业的发展已成为农民增收、农业增效和农村脱贫致富的重要途径之一，是我国农业的重要组成部分。此外，果树产业对调整农业产业结构、推进生态建设、完善国民营养结构，促进农民就业增收具有重要意义。

但由于过去我国农业多以小农经济自给自足形式发展，果树产业受到了一定程度的制约。在管理过程中生产方式传统，技术水平不高，国际竞争力不强，仍然存在未适地适树、重视栽培轻视管理、重视产量轻视质量、盲目密植、片面施肥等突出问题，导致许多果园产量虽高，质量偏差，出口率极低，中低档果出现了地区性、季节性、结构性过剩等问题。特别近几年来，随着人民生活水平的提高，消费者对果品品质、多样化、安全性等提出了新的要求，需要推广优质、安全、高效的标准化生产技术体系，提高果品的市场竞争能力。

《果树科学种植大讲堂》丛书所涉及的树种是我国主要常见果树，大多原产于我国。丛书主要以文字和图谱相结合的形式详细介绍了桃、苹果、梨、杏、樱桃、草莓、核桃、香蕉、龙眼、荔枝、柑橘等主要果树的一些优良品种和相关的高效栽培技术，如苗木繁育、丰产园建立、土肥水管理、整形修剪、花果管理、病虫害防治等果树管理技术。本着服务果农和农业科技推广人员的原则，丛书内容科学准确，文字浅显易懂，图片丰富实用，便于果农学习和掌握。

本丛书由北京市农林科学院林业果树研究所王玉柱研究员担任主编，负责丛书的整体设计和组织协调。丛书桃部分由中国农业科学院郑州果树研究所王志强研究员组织编写；苹果、梨部分由北京市农林科学院林业果树研究所魏钦平研究员组织编写；杏部分由北京市农林科学院林业果树研究所王玉柱研究员组织编写；樱桃部分由北京市农林科学院林业果树研究所张开春研究员组织编写；草莓部分由北京市农林科学院林业果树研究所张运涛研究员组织编写；核桃部分由北京市农林科学院林业果树研究所郝艳宾研究员组织编写；香蕉、龙眼、荔枝、柑橘等热带果树部分由广东省农业科学院果树研究所易干军研究员组织编写。

由于编者水平有限，书中难免有错误和不足之处，敬请同行专家和读者朋友批评指正！

目录

第一章 概述

一、杏的栽培现状及发展前景

（一）杏的栽培现状

杏作为主要核果类果树树种之一，由于其适应性强、营养价值高、经济效益好，在世界各地广泛栽培。据联合国粮农组织统计数据库资料，2010 年世界杏产量最高的十个国家分别是土耳其（47.61 万吨）、伊朗（40.00 万吨）、乌兹别克斯坦（32.50 万吨）、意大利（25.29 万吨）、阿尔及利亚（23.97 万吨）、巴基斯坦（20.03 万吨）、法国（13.96 万吨）、摩洛哥（13.24 万吨）、中国（9.50 万吨）、埃及（9.27 万吨），此外，日本、西班牙、叙利亚、希腊、俄罗斯、南非等国家也有较大的栽培面积和产量。

我国是杏的原产国，种质资源丰富，栽培历史悠久。以往，由于传统观念的影响，人们把杏作为“小杂果”、“热货”，使杏的生产得不到足够重视。近年来，随着人们生活水平的提高，消费者对于果品的需求越来越呈现出多样化、特色化的特点，同时，加入 WTO 也促使我国果树产业结构发生着深刻的变化，果品生产和树种结构趋向合理、树种和品种间的比例更加符合市场需求。在此形势下，传统的大宗果树品种市场趋于饱和，发展渐缓，而杏等原来未得到充分重视的果树恰恰因为满足了人们多样化、特色化、优质化的消费需求，迎来了迅速发展的新时期，在农业种植结构调整和生态防护林体系建设中成为重要的选择树种。

在我国除南方沿海和台湾省外，杏在大多数省区都有分布，但以

河北、山东、辽宁、山西、河南、山西、甘肃、青海、新疆、内蒙古等省区栽培较多，各地也有相对集中的产区。

我国杏栽培面积和产量均居世界前列，据中国园艺学会李杏分会2005年统计，全国鲜食和加工杏栽培面积359 143公顷，产量达到1 449 063吨，仁用杏面积1 820 515公顷，产量达到94 847吨，产生了良好的经济效益、生态效益和社会效益。长期以来，根据各地的自然条件、生产规模、品种资源和利用的差异，我国的杏栽培形成了华北温带区、西北干旱区、东北寒带区、热带－亚热带区和西南高原区等5个分布区域。

华北温带区包括河北、河南、山东、山西、陕西、北京、天津、甘肃兰州以东地区、辽宁沈阳以南地区及江苏和安徽北部地区，是我国杏的主要产区，鲜食、加工和仁用杏资源丰富，并且重视开发利用，栽培管理水平较高，形成了许多具有一定规模和效益的杏产业基地，如北京延庆、河北巨鹿、河南渑池、山东招远等地的杏产业，都是当地农民脱贫致富的主要途径之一。

西北干旱区包括新疆、青海、甘肃兰州以西、内蒙古包头以西及宁夏地区，是我国杏的另一主要产区。同时，作为杏的起源中心之一，该区分布着许多野生和栽培杏资源，其中不乏珍稀的特异性资源，如李光杏主产于该区；垂枝杏仅见于甘肃的酒泉地区。

东北寒带区包括内蒙古的包头以东地区、辽宁沈阳以北地区及吉林和黑龙江等地，杏资源抗寒性强，呈野生或半野生栽培状态的杏林具有很好的防风固沙作用，生态效益显著，这里还是我国主要的苦杏仁产区，苦杏仁产量约占全国苦杏仁总产量的50%。

热带－亚热带区包括江苏与安徽两省的中部和南部、上海、浙江、江西、福建、湖北、湖南、广东、广西等地，是中国梅的主要产区，杏的产量很少。

西南高原区包括云南、贵州、四川、重庆和西藏地区，其中云南西北部、四川西南部至西藏东部一带野生梅林集中连片，是中国梅的分布中心，杏资源也呈野生或半野生状态，经济栽培不多。

（二）杏的发展前景

杏果实颜色艳丽迷人，味道香浓爽口，酸甜适度，且依品种的不同，成熟期和口味各异，特别是果实成熟时恰是市场水果供应的淡季，因此颇具发展潜力。

杏果实除味美色艳、香气宜人外，还富含多种营养成分，其中水 85.3%，蛋白质 0.2% ~ 0.9%、纤维 2.0%、总糖 7.0% ~ 12.5%、酸 0.7% ~ 3.2%；每 100 克鲜果重含矿物质和维生素分别为：钙 11 ~ 16 毫克、磷 9 毫克、钾 320 ~ 350 毫克、钠 1 毫克、镁 9 毫克、铁 0.3 毫克、锌 0.1 毫克；维生素 C 2.1 ~ 14.6 毫克、维生素 B_1 0.01 ~ 0.03 毫克、维生素 B_2 0.05 ~ 0.21 毫克、维生 B_6 0.01 ~ 0.03 毫克、维生素 E 0.2 ~ 0.8 毫克、胡萝卜素 0.1 ~ 7.8 毫克。需要说明的是，维生素是人体所必需的营养素，但它一般不能在人体内合成，只能从食物中摄取。水果是人体维生素的重要来源。国际营养医学界许多学者，如马修斯 (Mathews，1985)、皮托 (Peto，1981)、门肯斯 (Menkes) (1986) 等研究结果表明，摄入绿色蔬菜和黄色果肉水果量较大的人，癌症的发病率降低 30% ~ 50%，同时指出果蔬内含的 β－胡萝卜素本身具有生理活性，而不是过去所认为的 β－胡萝卜素必须在人身体内转化成维生素 A 后才具有生理活性作用。进一步研究表明，食物中胡萝卜素的消耗量与癌症发生机会呈反比关系。最新的研究结果显示，动物体内胡萝卜素能阻止癌细胞扩散和使肿瘤退化；β－胡萝卜素和维生素 A 具有抗胃溃疡病的作用。既然维生素与人体健康关系非常密切，那么作为人体维生素的重要来源——水果的维生素含量，就成为衡量水果的营养水平和品质优劣的重要指标。王玉柱（1994）等的研究结果表明，杏果实富含 β - 胡萝卜素，维生素 E、维生素 B_1、维生素 B_2、维生素 B_6 和维生素 C，但不同品种的果实有差异，这种差异与果肉颜色有关。黄色杏果肉比白色杏果肉 β - 胡萝卜素高 14 倍。但维生素 E 的含量白色杏果肉高于黄色杏果肉。不同水果间的差异更大，黄色杏果肉 β - 胡萝卜素含量是苹果、梨、桃和柑橘果肉的 7.5 ~ 413 倍。南太平洋的斐济和喜玛拉雅山南麓的一些部落的人们多食杏干，而这些地区很少发生癌症，这与杏果实富含的维生素有重要关系。我国医学名著《本草纲目》早就有“曝脯食，止渴，去冷热毒，心之果，心病宜食之”的论述。而杏仁的药用价值更在公元6世纪的《名医别录》中就有记载，指出“其味苦小毒，主治惊痫，心下烦热、风气去来，时行头痛，解肌，消心急”。明代李时珍也指出杏仁能治风寒肺病，惊痫头痛，止泻润燥，润肺解肌，止咳祛痰。据王玉柱（1993）对“一窝蜂”和“优一”仁用杏杏仁测定，杏仁含蛋白质21.6%～25.2%、粗脂肪51.2%～58.0%、总糖11.2%～12.9%。此外还含丰富的磷、钙、铁等矿物质。尤其脂肪中油酸占60%～70%、亚油酸占18%～32%、棕榈酸和硬脂酸占2.0%～7.8%，大多为不饱和脂肪酸，对防治心血管病有疗效。由此看出，食杏果实和杏仁有利健康。所谓“桃饱杏伤人”的说法是缺乏理论和实践依据的。

目前，人们对水果的选择呈现出多样化的趋势，并且愈发注重保健功能，既然杏营养丰富，多食杏果和杏仁有利于身体健康，因此杏将越来越受到消费者的青睐和市场的欢迎。

随着观光农业的兴起，果树的观光采摘同样具有广阔的发展前景。杏树由于资源丰富、栽培管理技术易于掌握，具有独特的景观价值、经济价值和文化内涵，值得深入挖掘和充分开发利用。

近年来，国家对发展杏产业的重视程度和相关投入有所提高，科技工作者潜心研究，选育优新品种、探索优质丰产栽培技术、寻找病虫害有效防治办法以及在产品深加工和综合利用方面不断尝试，都为杏产业的发展提供了强有力的科技支撑。

二、杏的经济栽培价值

杏树果实从5月中下旬即可采收、上市，此时恰是水果市场淡季。杏果实色泽鲜艳、味道可口、营养丰富，对调节初夏鲜果市场供应起着十分重要的作用。同时，种植者也有较高的经济收益。

除鲜食外，杏果还可加工成杏脯、杏干、杏汁、杏酱、罐头等，在国内外有着广阔的市场。杏仁不仅可加工制成杏仁霜、杏仁露、杏仁酱菜和各种糕点、糖果等，而且具有药用价值，可生津止渴、润肺化痰、清热解毒，主治风寒肺病。此外，从杏仁中提炼的杏仁油为优质食用油，还是一种高级的工业用润滑油，也是许多优质化妆品的重要原料。杏仁一直是我国传统的出口商品之一。

杏树适应性强。耐寒抗旱、耐瘠薄，不论在平原、山地、丘陵和沙荒盐碱地都能生长。杏树若实施集约栽培管理，丰产优良杏品种树定植后第二年就能结果，第三年就能有一定产量，第四年进入盛果期，盛果期一般可达到2.25吨/公顷，若管理水平高，产量还能提高。此外，杏树栽培管理技术简便，投资少。在我国北方、尤其是贫困干旱地区种植杏树应该说是脱贫致富的一条好途径。事实上，目前我国北方许多山区百姓就是依靠杏树收益作为主要经济来源的。

三、发展建议

首先，发展杏产业一定要遵循适地适树的原则，根据杏的特性和当地生态环境特点，选择适宜的地区建园，不要在不适合的地方种植杏树，以免造成不必要的损失。

其次，要结合社会经济水平和市场因素发展杏产业。比如在有客源群体和市场的地方可以发展鲜食品种，开发观光采摘业；在偏远山区适宜发展加工和仁用杏品种；对于野生成片的杏林，不要盲目开发，以免对生态环境产生不良影响。

第二章

种类与优良品种

一、起源与分布

杏树原产我国，在我国栽培历史悠久。我国最早的一部指导农业生产的历书《夏小正》(公元前 8 世纪至公元前 5 世纪) 已有“正月，梅杏施桃则华；四月，囿有见杏”的叙述，表明当时在我国中原一带杏已由野生变为人工栽培。《管子》(公元前 685 年) 中说：“五沃之土，其土宜杏”；《山海经》(公元前 400—250 年) 中说：“灵山之下，其木多杏”(灵山指今陕西秦岭一带)；汉代《汜胜之书》中记有“杏始荣，则耕轻土，弱土……望杏花落复耕……”，表明当时已知用杏的开花物候期来指导农事活动。贾思勰在《齐民要术》(公元 533—544 年) 中则更详细地描述了杏的栽培技术，表明至北魏时期，杏树栽培管理技术已达相当高的水平。对用嫁接方法繁殖杏树的记载始见于《群芳谱》(1630 年)，该书中说：“桃树接杏，结果红而且大，又耐久不枯。”表明我国古代劳动人民已经懂得可以用不同砧木嫁接杏树来改进杏果品质。杏在古代与桃、李、栗、枣共称“五果”，足见其在当时果树生产中的地位。

除中国起源中心外，根据前苏联学者瓦维洛夫的考证，杏的第二个起源中心在中亚西亚，包括天山以南经阿富汗的兴都库什山脉至喀什米尔的广大山区。在近东，包括伊朗东北部和高加索以及土耳其中部的整个山系是次生起源中心。近年发现，在北非、突尼斯及阿特拉斯山脉南部也存在着一个类似次生起源中心的杏分布区。

杏树在我国分布广泛，西北、西南、华北、华南及东北地区的广大山区都有杏的野生种存在，栽培种主要分布于秦岭、淮河以北的黑

龙江、吉林、内蒙古、辽宁、河北、河南、山东、山西、北京、天津、陕西、甘肃、青海、宁夏、新疆等地。而据张加延等人 1985 年的调查，我国杏树分布的南界远在北纬 28° ～23° 一带，浙扛、福建、湖南、广西和云南等省区都有杏的分布；另据何跃等调查，在我国四川省的西南部，海拔 2800 ～ 3800 米的高寒山区，如德格、甘孜、巴塘、康定等地，也都有杏的野生种和栽培种分布。

尽管杏树适应性很强，但也有其本身的特性。因此，冬季无冷暖起伏天气，夏季比较暖热，相对干燥的地区更适合杏树生长，而潮湿多雨地区则不易形成经济栽培区。

二、杏的主要种类

杏属于蔷薇科，李亚科，杏属。目前共有杏属植物 10 种，我国有其中的 9 种。

（一）普通杏

原产于我国西北和华北地区，目前世界各国的栽培品种大多数属于本种。本种为乔木，幼枝红褐色或暗紫色，光滑无毛；多年生枝灰褐色，皮孔大，横生；树皮深灰褐色，纵裂。叶片卵圆形，基部圆形或近心形，叶缘有锯齿形缺刻，两面无毛或仅在脉腋间具绒毛；叶柄长约 2 厘米。花单生，白色或淡红色，果实圆形、扁圆形或长圆形，色泽与果重依品种不同而异，一般单果重 30 ～ 70 克，最大可达 100 克以上，果皮底色多为黄、橙黄、白或绿白色，果常有红晕。果肉多汁，味酸甜，有香气。核圆形、椭圆形或倒卵形，核面平滑，有离核、半离核、粘核之分，仁扁圆形，味苦或不苦。本种树势强健、适应性强、耐寒抗旱，结果早，经济价值高。

（二）西伯利亚杏

又名蒙古杏。分布于西伯利亚和远东一带，我国东北、华北和新疆等地也有分布。本种多为灌木或小乔木。叶片小，卵圆形或近圆形，基部圆形或近心形，叶缘具单锯齿形缺刻。花小、单生，白

或粉红色。果肉薄而苦，几乎无食用价值；果实成熟后果肉开裂。离核，核面光滑；仁味苦，可入药。本种极抗寒，能耐 −50℃低温；抗旱力强，在多石砾的阳坡也能生长。本种多供做砧木或杏抗寒育种的原始材料。

（三）辽杏

又名东北杏。主要分布于我国东北部、朝鲜北部和俄罗斯远东地区。本种为乔木，枝条较直立，小枝绿 - 淡红褐色，无毛；树干具厚而软的木栓层。叶片宽椭圆形或卵圆形，叶缘缺刻深；叶片两面无毛，或背面脉腋间具髯毛。花单生，淡粉红色。果实近球形，黄色，有时阳面有红晕或红点；果肉多汁或干燥，有香气，果大者可食。核圆形或长圆形，顶端急尖或圆钝，基部稍向下狭窄，核面粗糙；离核；仁味苦，可供加工。本种抗寒性强，可做砧木或抗寒育种的原始材料，也可供观赏。

（四）藏杏

又称野杏。广泛分布于我国西藏东南部和四川西部的高海拔地区。本种为小乔木，多年生枝有刺，新梢阳面暗红色。叶片长卵圆形，基部圆形或截形；叶缘具细单锯齿，两面密被短柔毛；果实小，圆或卵圆形；果汁少，味酸涩。核广椭圆形，仁味苦。本种极抗旱，耐严寒，可做砧木和育种的原始材料。

（五）梅

广泛分布于我国长江流域以南各省和淮河流域部分地区，日本和朝鲜也有分布。

本种多乔木，少为灌木。幼枝绿色，无毛。树皮平滑呈灰或灰绿色。叶片卵形或孵卵形，基部楔形，叶缘有缺刻；嫩叶两面有毛，成叶无毛或叶背脉腋处被短柔毛。花 1 ～ 2 朵，白色至淡红色。果实圆形，表面有蜂窝状点纹，可生食或制成各种加工品。

本种喜温湿气候，抗根线虫病和根癌病，是在潮湿地区发展核果类果树的重要砧木树种，也是杏抗湿育种的原始材料。因花期早，多于深冬开放，为名贵观赏树种。

（六）志丹杏

原产和主要分布于我国陕西、山西、甘肃、宁夏、青海等省区。是一类果实和种子均小、果实成熟时不开裂、核卵形的苦杏仁群体。主要用其苦杏仁做中草药材。本种与杏种野杏变种相近，于 1993 年命名。

（七）紫杏

主要分布于中亚地区的克什米尔、阿富汗、伊朗，贯穿高加索地区及我国新疆。据 Kostina 和 Riabov(1959) 研究，该种是普通杏和樱桃李的自然远缘杂交种。

该种最大特点是花期晚，抗花期低温和抗真菌性病害能力强，果实小，粘核，果皮黑紫色（偶呈黄色），果肉酸，大多数果肉黄色或红色，有长而细的果梗 (7 ～ 12 毫米)。

（八）政和杏

又称红梅杏。主要分布于我国福建省政和县稠岭一带海拔 240 ～ 340 米处。高大乔木，树形直立。树皮深褐色，小块状裂，较光滑。多年生枝灰褐色，皮孔密而横生。1 年生枝红褐色，光滑无毛，有皮孔。叶片长椭圆形或宽披针形，叶基平直截形，叶缘具不规则的细小单锯齿。花单生，黄绿色，无柔毛；雌蕊 1 枚，雄蕊 25 ～ 30 枚。果实卵圆形，单果重 20 克，果皮黄色，阳面有红晕，茸毛少；果汁多，味甜，无香味。粘核，苦仁。

（九）李梅杏

又称酸梅、杏梅、转子红等。分布于我国辽宁、河北、山东、河南、陕西、吉林、黑龙江和江苏的北部。其树形、树势、1 年生枝的颜色、花芽簇生状、花萼的色泽、花开后萼片不反折等特征，均近似于中国李，但叶与核的形状介于杏和李之间，果面具短茸毛、无果粉的特征与杏相同。果实近圆形或卵圆形，较大，肉质致密，多汁，酸中有甜，

具浓香，粘核。可鲜食，也可加工成糖水罐头。

（十）卜瑞安康杏

无刺灌木或小乔木，多见于法国阿尔卑斯山的西南山麓地带，叶片阔卵圆形或卵圆形，花浅粉色，花2～5朵簇生，先叶后花，果实圆形，小而光滑，几乎不能食用，核仁可用来榨油。

三、杏的优良品种

（一）鲜食、加工杏品种

1.骆驼黄

果形：圆形，缝合线明显，果顶平圆微凹。
果重：平均单果重46.3克，最大单果重78克。
果皮颜色：底色橘黄，阳面有1/3暗红晕。
果肉：橘黄色，肉质细；果汁多，味甜酸，有香气。
果核：粘核或半粘核。
果仁：甜仁。

物候期：在北京地区4月初盛花，5月下旬至6月上旬果实成熟，果实生长发育期53 ~ 55天。

树体特征特性：树姿半开张，树势强健，以短果枝和花束状果枝结果为主。

产量：自花不实，较丰产。

2.红荷包

果形：椭圆形，缝合线明显，果顶平。

果重：平均单果重45.3克，最大单果重70.6克。

果皮颜色：底色黄，阳面有片红晕。

果肉：橙黄色，肉质细，味甜酸，汁液中多，香味浓。

果核：离核。

果仁：苦仁。

物候期：在北京地区4月上旬盛花，5月底至6月初果实成熟，果实生长发育期56 ~ 58天。

树体特征特性：树势强健，树姿半开张，以短果枝和花束状果枝结果为主。

产量：自花不实，较丰产。

3.京早红

果形：果实心脏圆形，缝合线浅，果顶圆凸。

果重：平均单果重 48 克，最大单果重 56 克。

果皮颜色：底色黄，果面着部分红晕。

果肉：黄色，肉质较细；汁液中多，味甜酸，有香气。

果核：离核。

果仁：苦仁。

物候期：在北京地区 4 月上中旬盛花，6 月中下旬果实成熟，果实生长发育期 65 天左右。

树体特征特性：树势中庸，树姿半开张，以短果枝和花束状果枝结果为主。

产量：自花不实，丰产。

4.京脆红

果形：果实圆形，缝合线浅，果顶平。

果重：平均单果重 68 克，最大单果重 85.2 克。

果皮颜色：底色黄，果面着红晕。

果肉：橙黄色，肉质较细；汁液多，味甜，香气浓。

果核：离核。

果仁：苦仁。

物候期：在北京地区4月上中旬盛花，6月中旬果实成熟，果实生长发育期65天左右。

树体特征特性：树势中庸，树姿半开张，以短果枝和花束状果枝结果为主。

产量：自花不实，丰产。

5.京香红

果形：果实扁圆形，缝合线浅，果顶平。

果重：平均单果重76克，最大单果重98克。

果皮颜色：底色黄，果面着红色。

果肉：黄色，肉质较细；汁液多，味甜，香气浓。

果核：离核。

果仁：苦仁。

物候期：在北京地区4月上中旬盛花，6月中旬果实成熟，果实生长发育期63天左右。

树体特征特性：树势中庸，树姿半开张，以短果枝和花束状果枝结果为主。

产量：自花不实，丰产。

6. 串铃

果形：圆形，果顶平。

果重：平均单果重 43.2 ～ 61.5 克，最大单果重 82 克。

果皮颜色：底色浅黄白，阳面有红晕。

果肉：黄白色，肉质较细；果汁多，味甜酸，有香气。

果核：粘核。

果仁：甜仁。

物候期：在北京地区 4 月初盛花，6 月上中旬果实成熟，果实生长发育期 65 天左右。

树体特征特性：树姿半开张，树势强健，以短果枝和花束状果枝结果为主，连续结果能力强。

产量：自花不实，较丰产。

7.大玉巴达

果形：近圆形，果顶平微凹。

果重：平均单果重 43.2 ～ 61.5 克，最大单果重 81.0 克。

果皮颜色：底色黄白色，阳面有红晕。

果肉：黄白色，肉质细，味甜酸，汁液多。

果核：离核。

果仁：甜仁。

物候期：在北京地区 4 月上旬盛花，6 月上旬果实成熟，果实生长发育期 65 天左右。

树体特征特性：树势强健，树姿半开张，以短果枝和花束状果枝结果为主。

产量：自花不实，较丰产。

8.葫芦杏

果形：圆形，缝合线明显，果顶平。

果重：平均单果重 84.6 克，最大单果重 103.5 克。

果皮颜色：底色橙黄，部分果有 1/5 红晕。

果肉：橙黄色，肉质软、略面，味甜酸，汁较中多。

果核：离核。

果仁：甜仁。

物候期：在北京地区 4 月上旬盛花，6 月中旬果实成熟，果实生长发育期 67 天左右。

树体特征特性：树势强健，树姿半开张，以中短果枝结果为主。

产量：自花不实，丰产。

9. 大偏头

果形：卵圆形，缝合线明显，果顶圆。

果重：平均单果重 69.55 克，最大单果重 98.5 克。

果皮颜色：底色绿黄，1/2 红霞。

果肉：黄色，近核部位同肉色，肉质细，纤维少，味甜酸，汁较少，有香气。

果核：离核。

果仁：苦仁。

物候期：在北京地区 4 月上旬盛花，6 月中旬果实成熟，果实生长发育期 68 天左右。

树体特征特性：树势强健，树姿较直立，枝条粗壮，以短果枝和花束状果枝结果为主。

产量：自花不实，丰产。

10.红玉

果形：长椭圆形，缝合线明显，果顶平。

果重：单果重 55.7 ~ 67.8 克，最大单果重 120.5 克。

果皮颜色：底色橙黄，阳面着红色点。

果肉：橙黄色，肉质细；果汁中多，味酸甜，香气浓。

果核：离核。

果仁：苦仁。

物候期：在北京地区 4 月上旬盛花，6 月中下旬果实成熟，果实生长发育期 70 天左右。

树体特征特性：树姿半开张，树势强健，以短果枝和花束状果枝结果为主。果实易发疮痂病，栽培时应注意防治。

产量：自花不实，丰产。

11. 北寨红

果形：圆形，缝合线明显，果顶平。

果重：平均单果重 37 克，最大单果重 45 克。

果皮颜色：底色橙黄，阳面有红色。

果肉：橙黄色，肉质细，味甜酸，汁较中多。

果核：离核。

果仁：甜仁。

物候期：在北京地区 4 月上旬盛花，6 月中旬果实成熟，果实生长发育期 70 天左右。

树体特征特性：树势中庸，树姿半开张，以短果枝和花束状果枝结果为主。

产量：自花不实，丰产。

12. 金玉杏（又名山黄杏）

果形：扁圆形，缝合线浅，果顶平微凹。

果重：平均单果重 44.4 克，最大果重 56.6 克。

果皮颜色：底色橙黄，阳面 1/2 红色。

果肉：橙黄色，汁液中多，肉质细，味酸甜、有香气。

果核：半离核。

果仁：苦仁。

物候期：在北京地区 4 月上旬盛花，6 月底至 7 月初果实成熟，果实生长发育期 70 天左右。

树体特征特性：树势中庸，矮化性好，以短果枝和花束状果枝结果为主。

产量：自花不实，丰产稳产。

13. 青蜜沙

果形：圆形，缝合线浅，果顶圆凸。

果重：平均单果重 58 克，最大单果重 68.6 克。

果皮颜色：底色绿白，阳面着红色。

果肉：白绿色，肉质细，松软多汁，纤维少，品质上等，香气浓郁。

果核：离核。

果仁：苦仁。

物候期：在北京地区 4 月上旬盛花，6 月中下旬果实成熟，果实生长发育期 75 天左右。

树体特征特性：树势强健，树姿直立，以中、短果枝和花束状果枝结果为主。个别年份有裂果现象发生。

产量：自花不实，极丰产。

14.西农25

果形：圆形，缝合线明显，果顶圆。

果重：平均单果重36克，最大单果重41.5克。

果皮颜色：底色橙黄，阳面有红色。

果肉：黄色，肉质硬脆，纤维少，味甜酸，汁较中多，有香气。

果核：离核。

果仁：苦仁。

物候期：在北京地区4月上旬盛花，6月中下旬果实成熟，果实生长发育期75天左右。

树体特征特性：树势中庸，树姿半开张，以短果枝和花束状果枝结果为主。

产量：自花不实，丰产。

15．红金榛

果形：果实圆形，缝合线明显，果顶圆凸。

果重：平均单果重 71.6 克，最大果重 150.6 克。

果皮颜色：底色橙黄，阳面有红晕。

果肉：橙黄色，汁液较多，肉质细，味酸甜。

果核：离核。

果仁：甜仁。

物候期：在北京地区 4 月上旬盛花，6 月下旬果实成熟，果实生长发育期 75 天左右。

树体特征特性：树势强健，树姿半开张，以短果枝和花束状果枝结果为主。

产量：自花不实，丰产。

16．二红杏

果形：果实卵圆形，缝合线明显，果顶圆。

果重：平均单果重 46.4 克，最大果重 55.0 克。

果皮颜色：金黄色，着紫红色。

果肉：橙红色，汁液中多，肉质细，味酸甜，有微香。

果核：离核。

果仁：苦仁。

物候期：在北京地区 4 月中旬盛花，6 月下旬果实成熟，果实生长发育期 75 天左右。

树体特征特性：树势强健，以短果枝和花束状果枝结果为主。

产量：自花不实，丰产。

17. 李光杏

果形：果实圆形，缝合线浅，果顶平。

果重：平均单果重 21.3 克，最大果重 28.0 克。

果皮颜色：底色淡黄，果面无茸毛。

果肉：黄绿色，汁液中多，肉质硬韧，味酸甜。

果核：半离核。

果仁：甜仁。

物候期：在北京地区4月上旬盛花，7月中旬果实成熟，果实生长发育期90天左右。

树体特征特性：树势健壮，以短果枝和花束状果枝结果为主。

产量：丰产。

18. 串枝红

果形：果实圆形，缝合线明显，果顶平微凹。

果重：单果重54.6～61.6克，最大果重76.8克。

果皮颜色：底色黄，着1/2～3/4红霞。

果肉：橙黄色，汁液中多，肉质致密，味酸甜。

果核：离核。

果仁：苦仁。

物候期：在北京地区4月上旬盛花，6月下旬至7月上旬果实成熟，果实生长发育期80天左右。

树体特征特性：树势强健，树姿开张，长、中、短果枝结果能力均强。

产量：自花不实，极丰产。

19.冀光

果形：果实圆形，缝合线浅，果顶平微凸。

果重：平均单果重 58.3 克，最大果重 70 克。

果皮颜色：底色橙黄，阳面有红晕。

果肉：橙黄色，汁液中多，肉质致密较硬，味酸甜，香气浓。

果核：离核。

果仁：苦仁。

物候期：在北京地区 4 月上旬盛花，6 月底至 7 月初果实成熟，果实生长发育期 75 天左右。

树体特征特性：树势强健，树姿开张，以短果枝和花束状果枝结果为主。

产量：自花不实，丰产。

20.京佳 2 号

果形：椭圆形，缝合线中深，果顶微凹。

果重：平均单果重 77.6 克，最大果重 118 克。

果皮颜色：底色橙黄，阳面有红晕。

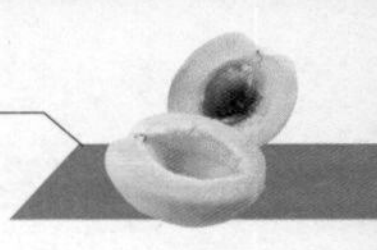

果肉：橙黄色，汁液中多，肉质致密较硬，味酸甜，有香气。

果核：离核。

果仁：苦仁。

物候期：在北京地区4月上中旬盛花，7月上中旬果实成熟，果实生长发育期87天左右。

树体特征特性：以短果枝和花束状果枝结果为主，树体和花芽抗寒力均强。

产量：自花不实，丰产。

（二）仁用杏品种

1. 龙王帽

果形：果实扁卵圆形，缝合线明显，果顶稍尖。

果重：单果重11.7～20.0克。

果皮颜色：底色黄，阳面稍有红晕。

果肉：黄色，薄，汁液少，纤维多，味酸。

果核：离核。

果仁：甜仁。干杏核出仁率为28%～30%。平均单仁重0.8克左右。果仁含可溶性糖4.22%～5.28%，粗脂肪51.22%～57.98%，蛋白质22.20%～25.50%。

物候期：在北京地区 4 月上旬盛花，6 月底至 7 月中下旬果实成熟，果实生长发育期 90 天左右。

树体特征特性：树势强健，树姿半开张，以中短果枝结果为主。

产量：自花不实，较丰产。

2. 一窝蜂

果形：果实卵圆形，缝合线明显，果顶圆。

果重：单果重 14.5 ~ 18.0 克。

果皮颜色：底色橙黄，阳面稍有红晕。

果肉：橙黄色，薄，汁液少，肉质硬，纤维多，味酸涩。

果核：离核。

果仁：甜仁。干杏核出仁率为 30.7% ~ 37%。平均单仁重 0.6 克左右。果仁粗脂肪含量 59.5%。

物候期：在北京地区 4 月上旬盛花，7 月中下旬果实成熟，果实生长发育期 90 天左右。

树体特征特性：树势中庸，树姿开张，以中短果枝和花束状果枝结果为主。

产量：自花不实，极丰产。

3.柏峪扁

果形：果实卵圆形，缝合线明显，果顶圆。

果重：单果重 12.6 ~ 18.4 克。

果皮颜色：底色黄绿。

果肉：淡黄色，薄，汁液少，肉质粗，纤维多，味酸稍涩。

果核：离核。

果仁：甜仁。干杏核出仁率为30.95%。核仁扁圆形，仁皮乳白色，核仁饱满，味香甜。平均单仁重 0.8 克左右。果仁含粗脂肪 56.7%。

物候期：在北京地区 4 月上旬盛花，7 月中下旬果实成熟，果实生长发育期 90 天左右。

树体特征特性：树势中庸，树姿开张，以中短果枝结果为主。

产量：自花不实，丰产。

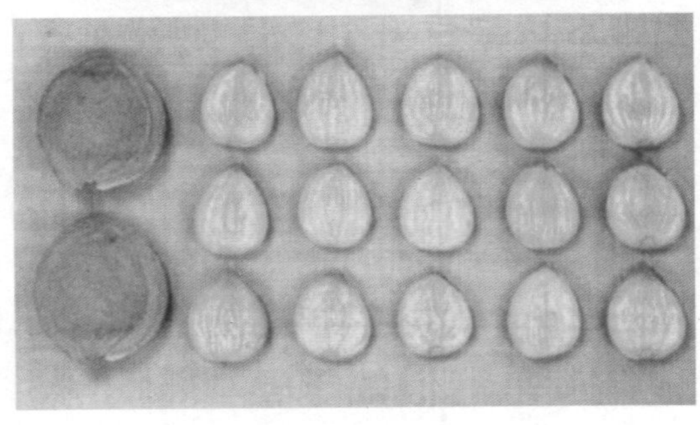

4.优一

果形：果实长扁圆形，缝合线明显，果顶圆。

果重：单果重 7.1 ~ 9.6 克。

果皮颜色：底色黄绿。

果肉：淡黄色，薄，汁液少，肉质粗，纤维多，味酸稍涩。

果核：离核。

果仁：甜仁。干杏核出仁率为 34.7% ~ 43.8%。核仁长椭圆形，仁皮乳白色，核仁饱满，味香甜。单仁重 0.53 ~ 0.75 克。果仁含粗脂肪 53.0% ~ 57.0%。

物候期：在北京地区 4 月上旬盛花，7 月中下旬果实成熟，果实生长发育期 90 天左右。

树体特征特性：树势中庸，树姿开张，以中短果枝结果为主。

产量：自花不实，丰产。

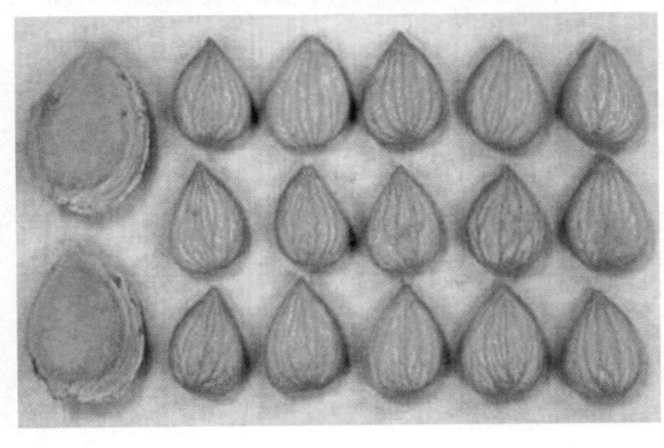

5. 北山大扁

果形：果实扁圆形，缝合线明显，果顶圆。

果重：单果重 16.0 ~ 27.0 克。

果皮颜色：底色橙黄，阳面有红晕和紫红色点。

果肉：橙黄色，汁液少，肉质较细，味酸甜，有微香。

果核：离核。

仁：甜仁。干杏核出仁率为 22.2% ~ 30.0%。核仁心脏形，褐黄色，味甜而脆。单仁重 0.53 ~ 0.75 克。果仁含粗脂肪 56%。

物候期：在北京地区 4 月上旬盛花，6 月底果实成熟，果实生长发育期 80 天左右。

树体特征特性：树势强健，以中短果枝结果为主，适于土层深厚地方发展。

产量：自花不实，丰产性强。

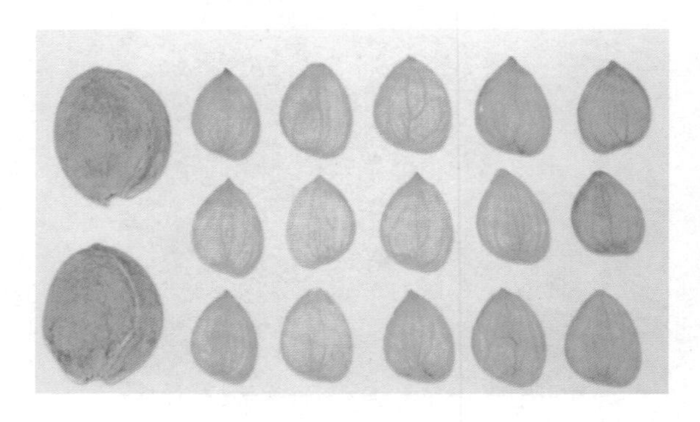

6. 长城扁

果形：果实扁椭圆形，缝合线明显，果顶圆。

果重：平均单果重 13.8 克。

果皮颜色：底色浅黄。

果肉：淡黄色，薄，汁液少，纤维多，味酸涩。

果核：离核。

果仁：甜仁。干杏核出仁率为 32%。核仁长心脏形，仁皮棕黄色，核仁饱满，味香甜。平均单仁重 0.83 克左右。

物候期：在北京地区 4 月上旬盛花，7 月中下旬果实成熟，果实生长发育期 90 天左右。

树体特征特性：树势中庸，树姿开张，以中短果枝结果为主。

产量：自花不实，极丰产。

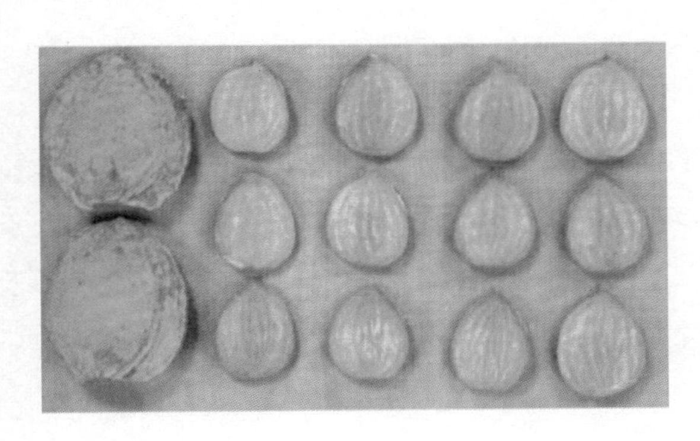

第三章 苗木繁育技术

一、砧木品种与选择

杏常用的砧木有普通杏、西伯利亚杏和辽杏。这些砧木抗寒、抗旱、土壤适应性强，与栽培品种嫁接亲和性好。

用桃属植物作杏砧木，由于种类和类型不同，嫁接反应各异，有的亲和力差，树势衰弱；有的树体高大，有的表现为矮化。

也有用李和梅做砧木的，对潮湿环境有较强的适应性，但一般亲和力较差。

二、砧木苗的培育

（一）种子采集与处理

采集生长健壮、丰产、稳定、无病虫害母树上充分成熟的种子，及时剥去果肉，洗净核面，摊放在阴凉通风处晾干，然后存放于冷凉、干燥、通风良好的库房内。种子本身的含水量 20% 左右为宜。

在播种的前一年土壤结冻前，选择通风、背阴、不容易积水的地方挖沙藏沟。沟宽 100 厘米，沟深 50 ～ 80 厘米，沟长视种子量而定。挖好沙藏沟后，先在沟底铺一层 10 厘米厚的湿沙。种核在层积处理前用清水浸泡 3 ～ 4 天，然后将种核与湿沙（沙的湿度以手捏成团，但无水滴，松手后又散开为度）按 1 ：（3 ～ 5）的比例拌好，将拌好的沙和种核铺在沟内，一直铺到离地面 10 厘米处，上面用湿沙铺平。然后再用土培成高出地面 20 厘米的土堆，以防雨雪流入。可在沙藏沟四周围设铁丝网或投以鼠药预防鼠害。沙藏沟内每隔 50 厘米设置一个草把，高出地面 20 厘米左右。一般层积时间 80 ～ 100 天。来不及沙藏处理的，可在播种前 10 天左右砸核取仁，清水浸泡 1 ～ 2 天后，用湿沙拌匀，在 20 ～ 25℃条件下催芽。

（二）播种

播种时间分秋播和春播。

秋播在土壤封冻前，种子在清水中浸泡 3 ～ 5 天后即可播种，无需沙藏，播后灌封冻水。春播在土壤化冻后播种，春播的种子必须经过层积或催芽处理。

播种方式有点播和条播。

点播是在畦内沿行每隔 5 ～ 7 厘米点播 1 粒发芽的种子。畦内行距可采用宽窄行（60 厘米 /30 厘米），或行距均为 60 厘米，点播深度 3 ～ 5 厘米，播后灌水。条播是沿行向开 3 ～ 5cm 深度的沟，然后撒入种子。种粒距离 5 厘米左右，播种后覆土踏实。出苗前不要灌水。一般每 667 平方米用种 25 ～ 50 千克。春播的苗圃可采用塑料薄膜覆盖，以提高地温和保墒。

（三）砧木苗管理

幼苗出土后要及时松土，当苗高 5 ～ 10 厘米时，应用 1500 倍液托布津和 300 倍液硫酸铜等防治幼苗立枯病和根腐病。对缺苗地段要及时从过密地段间苗补植，株距 5 厘米左右为宜。苗期及时除草，待 6 ～ 7 片叶后，要注意追施复合肥。施肥后灌水 1 次。5 ～ 6 月份雨量较少，若干旱时应及时补水；7 月后如果雨水较多，要注意育苗地及时排水；入冬前应浇 1 次冻水。

三、嫁接及嫁接苗培育

（一）接穗采集、贮运和处理

采集接穗的母株，必须品种纯正、树势强健、丰产、无检疫对象。采接穗应采树冠外围生长健壮、芽子饱满的发育枝。早春枝接要选用

生长充实的1年生枝中段做接穗。在7～8月份芽接，要选当年生新梢，采下的新梢立即摘除叶片，留下部分叶柄。

采接穗时应注意品种之间不可混杂。芽接接穗的采集时间一般在夏末、秋初。枝接接穗一般结合冬季修剪在冬季至萌芽前采集。

芽接的穗条采集后若需长途运输时，应选用洁净的湿布包裹，以保持运输途中的湿度和透气性。夏末、秋初芽接时，宜就近采集接穗，随采随接。若采集的接穗当天用不完，则应将接穗下端浸泡在清水中放置在冷凉处。

枝接接穗应先剪成9～12厘米的枝段，再进行蜡封处理后使用。

具体方法是：将枝段的一端先放入溶化的石蜡中速蘸，立即取出；用同样的方法蜡封另一端。

整个接穗封好后，迅速散放在冷凉处，待接穗完全冷凉后，整理打捆放置在湿润、低温的地窖中备用。

蜡封接穗要掌握好石蜡熔化的温度，以（110±2）℃为宜。为便于控制石蜡温度，可将石蜡置于稍小的容器中，然后放入盛有适量水的较大容器中共同加热，石蜡熔化后进行接穗的蜡封操作。枝接接穗需要长途运输时，在长途运输前进行蜡封。

接穗蜡封前

蘸蜡

蜡封后晾凉

水浴加热溶化石蜡

（二）嫁接

1．“T”字形芽接

“T”字形芽接一般在夏末、秋初进行，步骤如下图所示。

削芽

取芽片

插入芽片

包扎

2.带木质部芽接

带木质部芽接在春季、夏末和秋初均可进行。步骤如下图所示。但杏树带木质部芽接成活率较低，生产中应用较少。

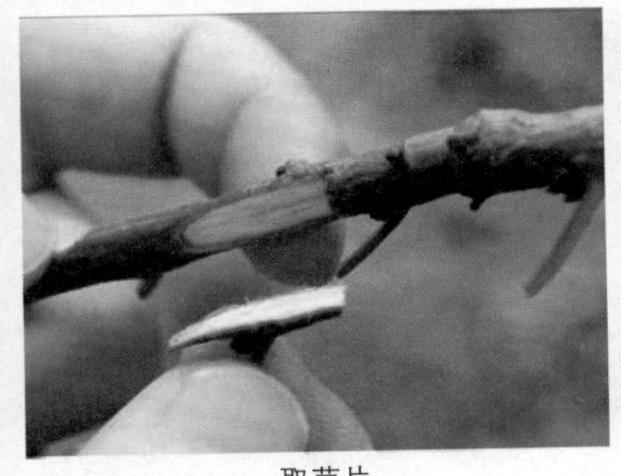
取芽片

削砧木

插入芽片

包扎（方法同“T”字形芽接）

3.枝接

杏树枝接的方法很多，包括皮接、切接、腹接、插皮接、舌接等，一般使用蜡封接穗，在春季进行。各种枝接方法步骤大致包括剪砧—削接穗—削砧木接口—插入接穗—包扎，且均要求砧穗结合严密，形成层对齐，绑缚紧实。其区别主要在于砧木和接穗的切削方法不同。由于操作简便、速度快、成活率高，生产中应用较多的是插皮接和舌接，插皮接适用于砧木粗于接穗的一般情况，而舌接在砧木较细时枝接适用。

下图为舌接过程。

剪砧

削接穗

削砧木

插入接穗

包扎

（三）嫁接苗管理

1. 检查成活和补接

在芽接后 7 天、枝接后 20 天左右，叶柄一触即落、芽眼新鲜即为成活。对未成活单株及时进行补接，对绑扎过紧者要及时松绑，以免绑缚物陷入皮层。

2. 剪砧

秋季芽接的苗，翌年春萌芽前要从接芽上方 1 厘米处剪除。

3. 除萌蘖和副梢

剪砧后，及时抹除砧木部分发生的萌蘖，如接穗萌发多个芽条，选留 1 个位置好的壮条，并及时抹除副梢。

4. 绑支柱

剪砧后，用小木棍或树枝插在苗旁，然后用细绳将苗绑在支柱上，以防接穗折断。

5. 肥水和土壤管理

苗木生长季应追施复合肥或磷铵。北方春季和夏初干旱，要注意及时浇水，雨季要注意排水。整个生长季节要及时松土除草。

6. 病虫害防治

幼苗整个生长季要注意病虫害防治，特别是鳞翅目的各种毛虫。冬季要防治野兔和鼠害。

四、苗木出圃、分级、包装运输

(一)出圃时间

苗龄为2年根1年干的杏成苗出圃可在秋季也可在春季。秋季起苗应在落叶后至土壤封冻前进行，秋季起苗可以秋季定植，但要做卧土防寒。秋季起苗秋季不定植时，起出的苗木要进行假植。春季起苗一般在解冻后萌芽前进行，起苗后立即栽植。

(二)起苗

起苗前制定计划，准备好工具。如土壤干旱，要在起苗前7～10天灌水，以保证起出苗木有较多须根。用起苗犁或人工起苗。起苗深度30厘米以上，做到少伤根和苗干，起下的苗木要按苗木质量要求进行分级，剔除不合格苗木。分选出的苗木要随时用土将根部埋严，防止风吹日晒。

(三)假植

假植要选择避风、地势平坦、不易积水的地块，南北方向开沟，沟深50～70厘米。沟的宽度根据苗量而定。假植沟挖好后，先在沟底垫5～10厘米沙土，然后斜放苗木，一层苗木一层湿沙，每层的苗木数量不宜太多，沙土与根系应充分接触。苗木码放后及时培土，将根系埋严。以后随着气温下降分2～3次增加培土厚度。假植后，若土壤干燥可少量浇水，但沟内不能积水，严禁大量灌水。

(四)苗木分级和检测

1.苗木分级

杏树嫁接苗合格苗木分1、2两个等级，苗木质量分级标准见表1。达不到二级苗标准的苗木为等外苗。

表1　杏树嫁接苗苗木质量分级

项目	1级	2级
品种纯度	品种纯正	品种纯正
苗高（cm）	≥100	60～100
苗粗（cm）	≥0.8	0.6～0.8
主根长度（cm）	≥25	20～25
侧根数目（条）	≥5	3～5
侧根长度（cm）	≥20	≥15
侧根分布	均匀	均匀
砧穗愈合度	完好	完好
整形带芽	饱满	饱满
机械损伤	无	无
苗木生长	充实	充实
检疫对象	无	无

2.苗木检测

苗径用游标卡尺，在地面和接口以上5厘米处测量，读数精确到0.1厘米；苗高用钢卷尺测量地面至苗木顶端的高度；主侧根长度用钢卷尺分别测量自根颈和侧根基部至先端的长度，读数精确到0.5厘米；侧根数量以符合不同等级苗木侧根和基部2厘米处直径要求的侧根数量计数；机械损伤苗木以地上或地下部分有1平方厘米以上破皮或劈裂者计数。

苗木检测在背阴避风处或室内进行，防止苗木失水。苗木质量检测用随机抽样法，抽样数量不低于5%。纯度不合格则总体判定为不合格，总体判为不合格苗木可在剔除不合格个体后重新进行检验。同一批苗木检测允许误差：质量为±5%，数量为±1%。低于该等级的个体不得超过10%，否则总体降级处理。用苗单位认为苗木不符合标准规定由双方共同复检，以复检结果为准。

（五）苗木检疫及包装、运输

苗木异地调运时须经过严格的检疫，并由检疫部门签发《植物检疫证书》。

需远运的苗木，根部蘸保水剂（或泥浆）后用湿草帘包装，每包

50 株，在基部和梢部各捆扎一道，扎紧，挂上标签，注明品种、数量、等级、出圃日期、产地、经手人等。

苗木长途运输要用苫布（或塑料布）遮盖，并注意洒水保湿。

第四章

丰产园的建立

一、园地的选择

任何植物生长都与环境密切相关，杏树也是在自身漫长的发展过程中，形成了对环境条件的适应性。研究和掌握环境条件对杏树生长结果的影响，对于科学管理杏树具有十分重要的意义。

（一）气候条件

1.温度

它是环境条件中重要的生态因子。杏树喜温耐寒，对温度的适应性极强。树体在冬季休眠期，能抗－30℃的低温；夏季，在新疆吐鲁番盆地，气温高达 40℃，杏树仍然能够正常地生长发育。而年平均温度 5 ～ 12℃为杏树生长的适宜温度，因此我国的黄河流域以及西北和华北地区，是杏树分布的主要地区。

气温对杏花期的影响较大。首先，开花的早晚在很大程度上取决于 3 月份气温回升的快慢，气温回升快且稳定时，杏树开花早。开花期平均气温一般在 8℃以上，适宜的温度为 11 ～ 13℃。若开花期气温偏低，会延长开花天数，阴雨天气还影响授粉受精，造成大量落花落果。其次，杏树的花器和幼果对低温很敏感，若在花期遇晚霜或寒潮，会造成花期冻害，一般表现为花瓣变色萎蔫，子房变褐脱落。受害的程度与低温的强度和持续的时间成正相关，即低温程度大、持续时间长，冻害严重；低温强度小、持续时间短，冻害较轻。从花芽萌动到发育成幼果的每一个阶段内，杏树耐低温的能力不一样。一般地，花芽萌动期抵抗能力较强，盛花期次之，子房膨大和幼果期最弱。抵抗花期冻害的能力还与品种有关。据北京市林业果树研究所 1982 年在延庆县某杏园观察，4 月 14 ~ 16 日正值杏花期，连续 3 天大风降温，4 月 15 日 0 点至 8 点，气温持续 0℃以下，其中 −5℃温度持续 2 小时，各品种出现不同程度的冻花，山杏冻花率为 44.9%，北山大扁为 7.3%，香白杏为 1.5%，兰州大接杏为 4.3%。可见，仁用杏受害重，鲜食用杏和仁肉兼用杏受害较轻。

另外，温度对果实的成熟期、着色度以及品质和风味等均有直接影响。温度高而稳定时，成熟期早，成熟度较一致，色泽鲜艳，果实含糖量高，风味浓；反之，气温低，果实风味和品质会相应降低，成熟期也会推迟。

2. 水分

杏树是一种抗旱、耐瘠薄的深根性树种，一般年降雨量为 400 ~ 600 毫米的地区，杏树即可正常生长发育，开花结果。但是如果在旺盛生长期和果实发育期土壤中严重缺水，则会影响树势和果实的产量及品质。我国北方地区，降水多集中在七、八月份，早春干旱，因此生产中应注意一年中杏树生长前期水分的调节。

水分过多，对杏树生长也不利。北京市熊儿寨乡 1990 年定植的杏园，由于雨季积水 2 天，使成片的杏树死亡。此外，花期阴雨天气，对授粉受精极为不利，降低坐果；雨水多，果实着色差，产生裂果、落果。因此，杏园应注意雨季及时排水。

3. 光照

杏树是极喜光的树种。若光照充足，则新梢生长旺盛，叶片大而浓绿，花芽充实，结实率高，丰产、优质。因此，树冠顶部和外围多表现为枝条充实，结果能力强；而内膛则因树冠郁闭造成光照较不充足，枝条生长相对细弱，结果能力弱。因此，栽培管理过程中应注意适当的栽植密度，并辅以合理修剪的栽培措施，以利杏园获得充足的光照，从而达到丰产优质的目的。

4. 地势

杏树对地势的要求不严格，在 35° 以上的坡地、平地、河滩地，或在海拔 1000 米以上的高山上都能正常生长。

（二）土壤条件

杏对土壤的适应性较强，除在通气性差的重黏土上，杏树在各种类型的土壤条件下都能够正常生长。但产量却因土壤肥力的不同而有很大区别。在土层深厚、肥沃、通透性良好、有机质含量高的土壤条件下，杏树表现为树体高大，树势强健，丰产优质，连续结果能力强。

以地下水位高度在 1.5m 以下、排水良好、疏松透气、较肥沃的壤土、沙壤土为好，质地黏重的土壤不适合杏树生长；土壤 pH 值为 6 ~ 8 时，杏可正常生长；土壤中氯化钾浓度 ≥ 0.021%、盐浓度 ≥ 0.24% 时，杏生长受到抑制。

不宜在核果类迹地上建园；杏园应避开晚霜频发地和涝洼地。

二、果园的规划

选择好建园的地块后，就需要进行全面规划，做到布局合理，一劳永逸。占地面积较大的杏园，规划设计时必须考虑道路、排灌系统水土保持工程以及防护林系统等的全面规划。

（一）作业区的划分

规划面积较大的杏园，为了便于管理，应将整个杏园划分成若干个小区，也就是杏园的作业区。小区的形状和大小应根据地形、地势、道路、排灌系统等情况来决定。每个小区的地形、坡向、土壤等条件要基本一致。小区地形复杂，小区面积可以小一些，一般为 0.6 ~ 2.0 公顷；若为缓坡地，面积以 2 ~ 3 公顷为宜；若为平川地，面积可大一些，一般以 5 ~ 6 公顷为宜。小区的形状，根据杏园的具体情况而定，其形状以长方形为宜。在山区，小区的边长与等高线平行或与等高线的弯度相适应。梯田杏园应以坡、沟为单位小区。

（二）防护林的设置

防护林的主要作用是阻挡气流、降低风速、减少风害、减少土壤水分蒸发、减少地面径流、调节温度、增加湿度、改善小气候等。防

护林可以栽在杏树园的四周，若是山地杏树园，可栽在沟谷两边或分水岭上。营造防护林的方向与距离应根据主风方向和具体风力而定。一般主林带与主风方向垂直，栽植 4 行以上主林带；副林带与主林带垂直，栽植 2 ~ 4 行为副林带；可采用乔、灌木混栽。林带建在杏树园的北侧，距杏树 10 ~ 15 米。林带与杏树间的空间地，可以种植绿肥及其他矮秆作物。

防护林的树种应在适地适树的前提下，选择树姿挺拔、枝叶繁茂、与杏树无共同病虫害，又有一定经济价值，且速生、寿命长的树种。如乔木可选毛白杨、青杨、刺槐等，灌木可选紫穗槐、花椒等。

防护林的栽植距离一般是：乔木树种 1 米 × （1.5 ~ 2.5）米；灌木树种 0.5 米 × （1 ~ 1.5）米。

（三）道路与建筑物的设置

道路与房屋的设置是杏园的必要组成部分。道路的作用显而易见：便于作业、便于果实的运输等；房屋则是用于杏园农药、工具等的保管，果实的短期贮藏及果园的管理人员办公和工作人员临时休息。

杏园的道路一般有主干道、支路和区内作业道之分。主干道贯穿全园，与园内各主要建筑物直接或通过支路相通。一般主干道要求宽 6 ~ 8 米，能够保证运输车辆对开；支路可比主干道略窄，一般结合作业区的划分设置在作业区之间作为分界；区内作业道的宽度应以便于运肥、运果、打药等作业为宜，过窄不便作业，过宽则浪费土地。

房屋的配置应充分考虑其职能，宜建在交通方便、地势高、干燥的地方，以利物资、果品的存放和方便工作人员的管理。

（四）排灌系统的设置

排灌系统的设置，是杏园规划的重要组成部分，无论在山区还是平地建杏园，均应设置排灌系统。

1. 灌溉系统

目前生产中采用的灌溉方式有渠灌、喷灌、管灌和滴灌四种方式。

(1) 渠灌

渠灌是依地形、地势，并结合小区与道路的规划，合理设置水渠，对杏园进行漫灌的灌溉方式。目前在我国杏主产区很常见，其优点是投资少，缺点是灌溉时费水。采用渠灌需注意的问题是：干渠、支渠均应修建在位置较高处，以便灌水均匀；山地杏园应依等高线方向修筑干渠和支渠，以便扩大受益面积；为了灌溉时节约用水和水渠的长久使用，水渠最好用水泥或石块砌成。

(2) 管灌

管灌是在园内只埋设总干管道，在总管道通过每一作业区时，留出一露出地面的带有阀门的出水管。灌溉时，从出水口接好活动金属管在作业区内灌溉。

(3) 喷灌和滴灌

喷灌是在地下埋设永久型管道，在杏园作业区内每隔一段距离（根据水压和喷头口径决定）设一喷头灌溉。滴溉是在园内埋设主管道，从主管道接到每一作业区要设支管道，从支管道接通每一行间树冠下的滴水管进行灌溉。喷灌和滴灌投资大，但灌溉效果好，且省水，有条件的杏园可采用。

2.排水系统

因为杏树不耐涝，若积水过多会造成植株死亡，因此，杏园内应设排水系统。一般平地杏园排水沟与灌水沟相对，高处一端为灌水沟，低处一端为排水沟，小区的排水沟分别与总排水渠相通。梯田杏园的排水沟应设在梯田的内侧，与等高线一致。

（五）水土保持规划

水土保持规划主要是指在山地、丘陵建杏园，水土保持措施应在排灌系统的规划之中进行考虑。水土保持措施得力，可以提高幼树的成活率、促进其生长；有利于成年杏树果实产量和品质的提高。因此，建园之初，就要结合当地的具体情况，采取修梯田、挖撩壕、挖鱼鳞坑等措施，防止水土流失，提高土壤质量。

三、主栽品种与授粉品种的配置

杏品种可分为鲜食、加工、仁用三大类。建园时，应结合当地实际情况加以选择。一般在距离城市较近，有鲜食销售市场的地方建园，可以鲜食品种为主，并注意早、中、晚熟品种的合理数量比。早熟品种生长周期短，中晚熟品种大多品质较好，都有较好的经济效益。不同成熟期的品种相互搭配，既可以避免因采收期过于集中而造成人力紧张的问题，又能够使杏果实随时满足消费者的需求。在距离城市较远，但有很大发展杏树潜力的地区建园，应以鲜食、加工兼用品种为主。因为杏不耐贮藏，老百姓俗称"热货"，若离城市远，附近没有大的消费群体，成熟的杏果实不能及时上市销售，会因腐烂而造成一定的经济损失，如果进行加工，不仅会避免这一问题，还会大大地丰富食品市场。在深山区或荒坡荒地建杏园，应以仁用杏品种为主。因为仁用杏品种比起鲜食、加工品种，不但经济效益毫不逊色，而且克服了后者不耐贮、加工工艺复杂等缺点。

除考虑市场因素外，根据当地的气候类型和立地条件选择适生的品种也十分重要。只有做到适地适树，才会发展起有规模的杏园，收到良好的社会效益与经济效益。

就品种配置而言，应考虑两方面的因素。一是品种本身的特性，如是自花不实的品种，必须配置授粉树。授粉树作用的范围和大小依与主栽品种距离不同而异，距离越近，授粉效果越好。据观察，授粉品种与主栽品种的距离不应超过 50 米。在散生杏园，授粉品种与主栽品种的配置比例为 1 ： 8；大面积规模化杏园，授粉品种与主栽品种的比例为 1 ： （3 ～ 7）；缓坡、梯田杏园里，授粉品种与主栽品种的配置按 1 ： （3 ～ 4）的比例为宜。选择授粉品种的条件是：授粉树品种与主栽品种花期相同，并且能产生大量的发芽率高的花粉。

授粉品种与主栽品种结果期基本相同，并且其寿命长短相近；授粉品种与主栽品种没有授粉受精不孕现象；授粉品种具有较高的经济价值。需指出的是，目前新建杏园时，我们在品种安排上基本不分主栽品种与授粉品种，因为授粉品种本身就是一个优良的主栽品种，这样同一杏园安排3～4个品种，按1∶1∶1∶1或1∶2∶1∶2的比例定植。部分优良品种授粉亲和或授粉不亲和组合，已在前文说明，这里不再赘述。

品种配置应该注意的第二个问题是根据当地的农业生产水平，充分考虑人、财、物力等因素。

四、定植时间

分为秋栽和春栽。

春栽多在土壤化冻后至萌芽前进行，一般为3月下旬至4月上旬。春栽可省去幼树新植后的卧土防寒，若春季劳动力能安排好，又有较好的灌水条件，采用春栽苗木成活率高。

秋栽一般在杏苗落叶前后进行，秋栽有利于苗木根系伤口形成愈伤组织和新根生长。但秋栽在我国北方大多数地区需卧土防寒，若措施实施不当，往往造成折干和抽条现象，影响定植成活率。

干旱、无浇水条件地区定植杏树，应早一年挖出定植坑，并回填好土，以便雨季保水。雨季过后，最好每坑覆盖1平方米地膜，至少应覆荒草以最大限度减少水分蒸发。时间最好采用秋栽。

五、定植方式与密度

（一）定植方式

大多数杏产区均采用长方形栽植，行距大于株距，南北成行，通风透光好，便于管理和机械化作业。还可采用正方形栽植，即株距和行距一样，这样光照好，便于管理；三角形栽植，即株距大于行距，定植穴互相错开，成为三角形；带状栽植等方式栽植。

在准备好的土地上，根据株行距首先进行定点放线，挖1立方米的定植穴，表土与底土分放，对底层有黏胶层的土壤，应进行深翻，以打破胶泥层，有利于根系生长和树体正常发育；严禁挖“锅底坑”。定植穴挖好后，每定植坑施腐熟的优质有机肥20千克，与表土充分

拌匀后回填至与地表相平，灌水沉实后栽植。

挖定植穴

表土与腐熟的有机肥混匀回填并灌水沉实

栽植前苗木根系要在清水中浸 12 ~ 24 小时。定植前对苗木适当修根，解开接口处绑条。

解开接口处绑条

修根

定植时要照顾前后左右株行对齐，边埋土边提苗并踩实，以便根系顺展、充分填土。埋土至与地表平为宜，嫁接口应略高于地平面。

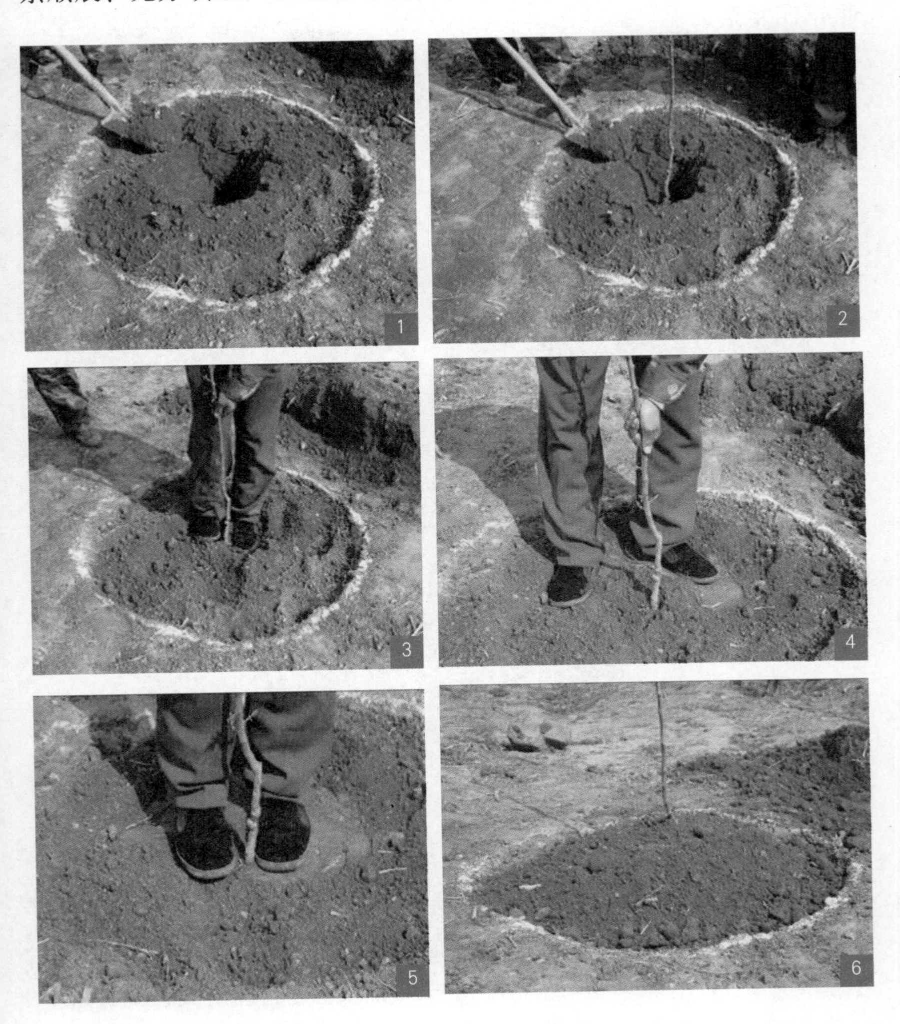

定植步骤：三埋（1～3）两踩（4～5）一提苗（6）

苗木千万不要栽植过深，以免深影响根系通气；也不要过浅。用底土修好树盘，然后再浇一次水，下渗后，每株树覆盖1平方米地膜。根据在北京市平谷县熊尔寨乡杏园观察，覆盖地膜比不盖地膜年土温平均提高4.5℃，杏幼树生长量增加30%，并且定植成活率均在95%以上。特别是干旱山地、沙荒地栽植时应采用该技术。

用底土修好树盘

充分浇水

水下渗后覆盖1平方米地膜

（二）定植密度

杏园的栽植密度应根据品种特性，营养生长期的长短，砧木种类，杏园的地势、土壤、气候条件和管理水平等诸多因素考虑。合理的栽植密度应以最充分地利用土地和光照、获得最大的经济效益为标准。一般品种生长势强，所处地区营养生长期长，地势平坦，土壤肥沃，肥水充足，其密度应小些；而贫瘠的土地上，栽植密度应大些；平地

建园比山地建园栽植密度小；管理水平高的，可适当密植。根据对多个杏园调查试验的结果认为，杏园株行距采用（2～3）米×（4～5）米较为合适。在肥水充足的地区株行距采用3米×5米，肥水较差的山地和沙滩地株行距采用2米×4米最为适宜。

保护地栽培杏树，要求早期产量较高。因此，其栽植密度应适当高一些，株行距一般以（1.5～2.0）米×（2～4）米为宜。应根据品种特性和树体大小，确定株行距。以后随树体长大，树冠难以控制时，要逐年间伐临时株。间伐时，首先采用隔株间伐，树冠摆布不开时再隔行间伐。保护地栽培杏树，应采用南北行的长方形栽植方式，以利于通风透光。

山地建园，多为水平梯田和等高撩壕，其株行距不强求一致，应按梯田的宽窄决定行距，株距则应沿等高线确定。

六、定植后的管理

（一）定干

苗木定植后应及时定干，其定干高度一般在60～80厘米，在饱满芽处剪除，没有饱满芽或主芽已萌发时，可不考虑整形带芽的状况，只考虑定干高度即可。多年实践证明，杏枝条每节位除主芽外，还有4个以上副芽，这些芽在主芽萌发后，仍会萌发。因此，不必担心定干后整形带内长不出主枝新梢。

定干

（二）除萌

定干后，在苗木枝干的中下部或砧木基部萌发大量的萌蘖，应及时除掉，距地面 40 厘米以内的所有萌芽也要抹除，以免影响定向芽和枝的正常生长。

（三）补植

经过生长季节，对未成活的苗木，应及时补植，以确保杏园的整齐度。

（四）综合管理

苗木成活后，在秋冬季节要注意防寒和防止抽条。可采用主干缠塑料条或涂抹京防 1 号防护剂的方法。生长季节要注意土壤水分状况，适时灌水，保持适宜的土壤湿度，春季雨水少，树体生长旺盛期，需水肥多，一般 15 ～ 20 天左右灌水 1 次，如果用树盘盖地膜可减少灌水次数。及时防治病虫害，特别是食叶害虫，如金龟子、象鼻虫、卷叶蛾等。

定植后到结果前的幼龄杏园，可适当在行间间作绿肥、豆类、花生、甘薯等作物，这样既可增加地表覆盖，减少和防止水土流失，抑制杂草滋生，增加土壤有机质含量，提高土壤肥力，又可充分利用土地，使幼龄杏园获得一定的经济收益。应注意，间作一定要以改善土壤状况、增加树体营养、促进树体生长为目的，避免间作物与树体争夺光照、养料和水分，避免间作物为树体带来病虫害。结合间作物管理，在雨后或灌水后进行中耕除草，可减少土壤水分蒸发，防止土壤板结，为幼树迅速生长创造条件。

第五章 土肥水管理

一、土肥水管理的理论基础

（一）杏树根系及其在土壤中的分布

杏是深根性树种，根系强大，由主根、侧根、须根三部分组成。

主根是由杏核播种后生长出来的，在土壤中呈垂直状态，也叫垂直根。直播的杏树主根非常发达，能延伸到土层深处，在山地杏园，根系能穿透半风化的岩石或石缝向下延伸。侧根是从主根侧面生长出来的，随着杏树年龄的增大和环境条件的影响，有时主侧根并不明显，在主根和侧根上着生的小根叫须根。杏树的根系主要集中在0～0.5米的土层中，可占整体根系的82%左右。具有吸收土壤中无机盐和水分作用的根，大都分布在0～1米的土层中。

杏树沿水平方向伸展的根是根系的骨架，伸展能力较强，扩展范围较宽，其根幅可为树冠的3～5倍。根系的分布受土壤等立地条件的影响。在土层较深厚、肥力较充足的立地条件下，根系分布深度可超过树冠直径的1倍以上；反之，在土壤瘠薄的条件下，根系分布较浅而范围广泛。杏树根系分布的这种特性，决定了它所具有的耐贫瘠和干旱的能力。

（二）杏树根系生长发育规律

杏根系生长活动期与地上部分生长活动有密切关系。3 月芽萌动前，根系开始活动，吸收土壤中的水分和养分供给地上部分生长；4 月花谢后，枝叶旺盛生长期、果实迅速膨大期，根系的生长量不大；5 月下旬以后枝、叶生长缓慢，树体地上部分制造和积累的营养物质通过枝干输送到根系，根系的生长加快；6 月中旬以后，果实成熟，根系生长进入高峰。当年枝叶生长的强弱和果实的多少，直接影响根系的生长。反之，根量以及根系贮存营养物质的多少、吸收土壤养分的能力又影响地上部分生长的强弱和结果能力。

杏树根系 1 年内有 2 次发育新根高峰，分别在花芽膨大期和秋季；有 3 次根系生长高峰，分别在花芽膨大期至盛花前，果实采收后和秋季落叶前后。

杏树根系的生长没有自然休眠期，在满足需要的条件时全年都可以生长；但是如果遇到逆境土壤条件，根系生长受到抑制，轻者可影响植株生长结果，重者可造成树体死亡。

（三）杏树根系生长与土肥水的关系

土壤的温度、湿度、通气状况、肥力水平及树体强弱，都会影响根系生长。1 年中，夏季高温和冬季低温，造成了根系生长的高潮和低潮。土壤温度较高、通气良好、肥沃等条件均可加速根系生长；反之，生长缓慢，生长期也短。

杏树根系强大，抗旱力强，但对含水量过多的土壤适应性不强，极不耐涝，如果土壤积水 1 ~ 2 天，会烂根或发生早期落叶，甚至全株死亡；杏对土壤的适应性较强，但最适宜排水良好、疏松透气的壤土、沙壤土，质地黏重的土壤不适合杏树生长；杏喜偏酸性的土壤，土壤 pH 值为 6 ~ 8 时，杏可正常生长，土壤中氯化钾浓度 ≥ 0.021%、盐浓度 ≥ 0.24% 时，杏生长受到抑制，但品种间有差异。

二、土壤的改良与管理

杏树正常的生长和结果要靠根系从土壤中吸收水分和养分，经输导组织运到地上部，通过叶片吸收光能进行同化作用合成有机物质来完成。因此，根系的生长状态直接影响杏树的生长与结果。创造一个良好的根系生态环境（包括土壤水、肥、气、热和微生物），对杏树丰产优质起着重要作用。土壤管理往往比树上整形与修剪更为重要。

（一）深翻熟化

良好的通透性是土壤氧气供应的前提条件，充足的氧气供应又是杏树发出新根的重要保障。杏树根系对氧气的要求比其他落叶果树更为迫切。不少杏园幼树阶段常发生死树现象，其主要原因是定植时埋土过深或土壤粘重，通气性差，氧气供给不足。土壤通气性的好坏还直接影响土温和微生物的活动。深翻能够提高土壤的透水性和保水能力，促进土壤团粒结构的形成，对土壤深层理化性状的改良效果尤为显著。深翻后，土壤中的水分和空气条件得到改善，微生物增加，从而提高了土壤熟化程度，使难溶性营养物质转化为可溶性养分，提高肥力。

深翻结合施肥，可使土壤中的养分含量明显提高。深翻在春、夏、秋三季均可进行，以秋季结合施基肥为最佳时期，也可结合夏季压绿肥进行。

深翻深度与地区、土质等因素有关。一般以 60 ～ 80 厘米、比杏树的主要根系分布层稍深为宜。黏性土壤、地下水位低、土层厚的杏园宜深翻；反之，可稍浅。杏园下层为半风化的岩石、沙砾石应加深；下层有黄淤土、白干土或胶泥板时，翻耕深度以打破这层土为宜，以利渗水。在一定范围内，翻得越深效果越好。通常情况下，一次深翻的效果可保持数年。

（二）客土

客土是山地、丘陵和沙滩等土质瘠薄杏园改良土质的一项重要措

施。具有改良土壤结构、增加营养、提高地力的作用。

客土一般在晚秋进行，可起到保温防冻、积雪保墒的作用。其方法是把从异地运来的土或沙均匀分布全园，经过耕作，使之与原来的土壤混合均匀。

客土视果树大小、土源或沙源、劳动力等条件而定。沙地杏园常压黏土或黄胶泥；黏重土壤则应压沙土；山区瘠薄地可就地取材，压半风化的片麻岩，如果压草皮效果更好。

（三）中耕除草

中耕疏松土壤，有利于调节土壤湿度，增加土温，改善通气状况，防止杂草滋生，有利于保墒。

中耕、除草的时间和次数应根据田间情况而定。一般早春化冻后应及时中耕一次，既可提高土温，还可通过中耕保持土壤水分不过量蒸发。在麦收前后应进行中耕，主要是防止杂草生长，以利杏树下部枝条的生长和通风。另外，每次杏园灌水或雨后，土壤适宜中耕时应及时中耕松土，增加土壤通透，促进根系尽可能多的获得氧气。

（四）覆草和覆膜

杏树树盘内覆盖杂草、绿肥或秸秆，能起到明显的保墒作用，特别对没有灌溉条件的干旱地区效果非常明显。树盘覆草还能明显地减少水土流失，抑制杂草生长，减少病虫害发生。杂草腐烂后，能增加土壤有机质含量，改善土壤理化性质，有明显的增产效果。

覆盖杂草（包括秸秆），一年四季都可进行。冬前覆盖有利于幼树安全越冬，减轻冬旱造成的抽条。雨季前覆盖有利于蓄水和稳定土温，减轻裂果，提高果品质量。

覆盖方式分全园覆盖和畦内或行内覆盖两种，可视材料情况而定，事先需打好畦，畦埂要高大。覆盖前要有良好的墒情、施足基肥、松土平地。覆草厚度 20 ～ 25 厘米，若杂草较长应在覆草前轧碎，一般覆草后需用土压牢，避免大风刮跑，土层以压住杂草不被大风刮跑为度。一般每 666.7 平方米需用秸秆（或杂草）1500 ～ 2000 千克。

秋天深翻树盘时，需将杂草（秸秆）翻入土中。

覆膜法就是利用透明或有色的地膜覆盖在树盘（与树冠大小等同）或行间的方法。日本最早在草莓栽培中应用该项措施，我国目前在苹果、梨、桃、李、杏、枣、板栗等多种果树上应用。它具有提高并稳定地温，保持水分，提高成活率，提高光能利用率，进而提高花芽分化质量、提高坐果率，促进果实着色，提高果实品质的作用。

（五）行间合理间作

在幼树阶段，为了提高土地利用率，增加早期效益，在杏树行间可以间作矮秆作物，如花生、甘薯、豆类、苜蓿等。只要不影响杏树生长和结果，合理间作是一项很好的耕作措施。

（六）山地杏园的土壤管理

杏树多在山区栽培。山地杏树一般立地条件较差，按常规深翻土壤较为困难，应首先修筑树盘。在立地条件允许的情况下，树盘应与树冠同等大小。树盘的外沿应堆起土埂，高度 80 ～ 100 厘米。这样可避免树盘被雨水冲刷。生长在台地上的杏树，最好按等高线修筑梯田，梯田应里低外高，外沿也应修筑 80 ～ 100 厘米的土埂。此外，生长季应及时翻树盘，把杂草翻入土中，既增加土壤通透性又提高了土壤有机质含量。

三、果园施肥

杏树是耐瘠薄树种，但对施肥还是相当敏感的。杏树的营养生长需要各种养分，生殖生长更需要大量养分。杏树的正常生长发育以及果实的产出，不断从杏树根际周围的土壤中吸收各种养分，造成土壤肥力下降。所以，施肥是杏树高产、优质的重要栽培措施之一，也是土壤管理的关键。

（一）施肥的种类、时期和施肥量的确定

应用叶分析或土壤分析来确定施肥量和肥料种类是比较科学的

办法，但是由于目前生产条件的限制，还未广泛采纳。可用以下公式推算施肥量：

施肥量 = 果树吸收肥料元素量—土壤供给量 / 肥料利用率

肥料利用率因营养元素不同而变化，一般氮肥为 50%，磷肥为 30%，钾肥为 40%。

根据施肥作用的不同，施肥分以下几种：

1. 基肥

施基肥是杏树得到多元素养分的主要途径。基肥应以人畜粪便和秸秆、杂草堆肥为主。施用时，应混入一定量的化肥。其施肥方法应采取开沟法施人。沟深 30 ～ 50 厘米，沟的长度根据施肥量而定。施肥量依树龄、生长势而定。一般情况下，未结果的幼树、生长较旺的树适当少施，而进入结果期的树，由于生长和结果消耗养分剧增，则应多施基肥。一般掌握在每 666.7 平方米施农家基肥 2000 ～ 3000 千克左右。施基肥的时间最好在每年的 9 ～ 10 月为宜。秋后早施，由于土温较高，有利于根系愈合，并能发出新根，增强早春根系的吸收能力。

2. 追肥

又叫“补肥”，在杏树生长期间弥补基肥的不足，但也有为当年壮树、高产、优质，为第二年开花结果补充养分的作用。根据杏树一年中不同发育阶段对各种营养元素的需求，一般早春杏树萌芽前后应追施一次含多种微量元素成分的氮磷钾复合肥。越冬前施基肥时已掺入了复合肥，春天这次追肥也可不施。追肥量盛果期树每株 1 ～ 2 千克。第二次追肥应在盛花后 50 ～ 55 天左右（北方约在 6 月中旬），主要是为了促进花芽的生理分化，应追施氮肥为主的肥料。若追施尿素，每株 0 ：(5 ～ 10) 千克为宜。第三次追肥是为了促进花芽形态分化，追施时间大约在盛花后 90 ～ 95 天左右（约在 7 月中下旬），这次应追施钾肥为主的肥料。杏树与其他落叶果树相比是一个喜钾树种，因此追肥应考虑到树种特点，切忌偏施氮肥，以免造成枝条徒长和开花不结实现象发生。

3. 根外追肥

即叶面喷肥。根外追肥用量小，见效快，养分可直接被叶片吸收利用。其方法简单易行，但只能是补充某种营养元素的不足，不能代替土壤施肥。根外追肥要掌握好浓度。一般在生长前期浓度稍低些，后期浓度稍高些。还可与喷药相结合。常用的喷肥种类和浓度为：尿素 0.2%～ 0.4%，硼砂 0.1%～ 0.3%，硫酸锌 0.2%～ 0.3%，磷酸二氢钾 0.2%～ 0.5%，过磷酸钙 0.5%左右。

（二）施肥方法

施肥方法对是非效果有重要影响。总的原则是，土壤施肥要把肥料施在根系能够吸收的地方；叶面喷肥要把肥喷在叶片背面。肥应根据杏树的生长发育规律特点，采用合理的施肥方法，避免肥料养分流失和因土壤中化合反应造成速效养分固定。

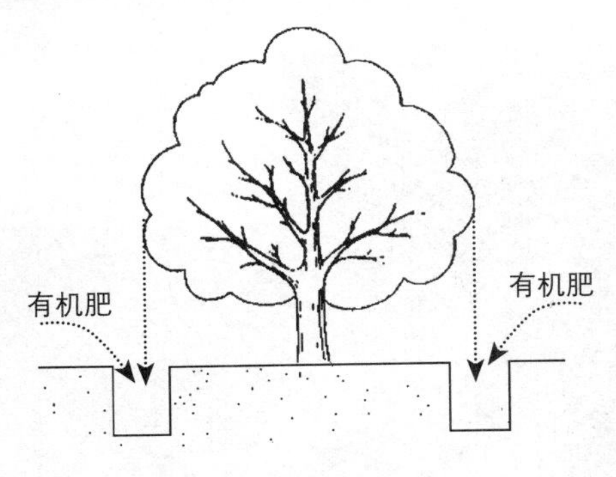

施肥位置示意图

1. 环状沟施肥方法

一般幼树采用环状沟施肥方法，该法可结合深翻扩穴措施。具体方法是在幼树定植后第 1 ～ 2 年秋季，距幼树树干内径 50 厘米，外径 80 ～ 90 厘米挖一环形沟，沟深 30 ～ 50 厘米。然后将有机肥填于环沟内，最后回土填平。第二次再施基肥时，要以第一次外径为第二次环状沟的内径挖沟，直至邻株相接，再改变施肥方法。

2. 放射状沟施法

以树干为中心，在树冠下距树干 1 米左右处由里向外挖成 6 条左右的放射状沟。对沟的要求是里浅外深，每年应轮换位置。挖沟的深度为 30 ～ 50 厘米，宽 50 厘米左右，长度根据施肥量而定。

3. 条状沟施法

沿着杏树行间或隔行开深 50 厘米、宽 40 厘米的沟施肥，也可结合深翻进行。此施肥法便于机械化操作，但翻耕的深度和施肥的效果不如环状沟施和放射状沟施。

四、水分管理

杏树是一个抗旱树种。在我国河北省张家口地区的山区县和山西省北部地区，年降水300毫米左右，杏树在没有灌溉条件下也能连年结果。但杏树对水分供应的反应是十分敏感的。缺少水分枝叶生长缓慢，虽然连年结果但产量不是很高。水分过多造成土壤缺氧，影响根系生长和养分吸收，严重者造成烂根，整株死亡。因此杏园灌水和排水是杏树丰产的重要栽培措施之一，也是杏树水分调节的主要组成内容。

（一）灌水

杏树的灌溉时期和用量，主要根据土壤的水分状况和杏树本身的生长发育阶段而定。一般在早春萌芽前应浇足第一次水，萌芽后，树体开花、坐果、新梢迅速生长，需大量水分，有条件应及时浇水。第二是硬核期，此期是杏树需水临界期，杏树的硬核期往往正是杏主产区一年中最干旱的季节，所以更应该及时灌水。北方杏产区，一般是杏采收期以后进入雨季，应注意控水。秋后冬前一般结合施基肥浇水。有条件的杏园，在土壤上冻前要浇一次冻水，以保证冬季杏树根系有较好的生长发育环境，为下年丰产打下良好的基础。

灌水的方法大多采用树盘灌水，千万不要串盘灌水。一般每隔一行，在两行树间的树盘交界处，应修一条贯通全行的水渠。灌水时，

从渠的一头开始逐单株地开口灌水，灌满一株封好渠口，再开另一株的灌水口，这样一则避免根系病害传播，另外也不会使由于串灌造成长时间水泡的单株根系缺氧。这种灌水方法还能避免浪费水。

有条件的地区可采用喷灌和滴灌，虽然投资较大，但灌溉效果较好，例如北京市昌平县黑山寨山地杏园采用滴灌就收到了良好的增产效果。

（二）排水

杏树抗旱性强，但又怕涝。土壤若长时间积水，植株会因根系缺氧死亡。因此，杏园一定要注意雨季排除积水。平地杏园，一般顺地势在园内或杏园四周挖排水沟；山地杏园，主要是结合水土保持工程修筑排水系统。

第六章

整形修剪

一、整形修剪的理论依据

（一）杏树枝条的分类

按照生长的位置和顺序，杏树的枝条可分为主枝、侧枝和结果枝组。由主干向上生长的枝条叫主枝；由主枝向旁侧生长的枝叫侧枝；在主枝和侧枝上形成若干个彼此独立的单位枝，统称结果枝组。

按照生长的年龄，杏树的枝条可分为1年生枝、2年生枝和多年生枝。当年生长的枝叫嫩梢或嫩枝。新梢只生长叶片而不结果。1年中不同季节萌发生长的枝条，可分为春梢、夏梢和秋梢。

按照功能的不同，杏树的枝条可分为营养枝和结果枝。营养枝依生长势的不同可分为发育枝和徒长枝。发育枝由1年生枝上的叶芽或多年生枝的潜伏芽萌发而成，生长旺盛，是形成树冠的骨架。发育枝中过于旺盛的枝条称为徒长枝，这种枝条大多直立向上生长，节间长，叶片大，不充实。

结果枝按长度可分为长果枝、中果枝、短果枝和花束状果枝。长果枝长30厘米以上，中果枝15～30厘米，短果枝5～15厘米，花束状果枝小于5厘米。一般幼树和初结果期树的中、长果枝多，老树和弱树以短果枝和花束状果枝为主。各种类型果枝结果能力的强弱与品种有着极其密切的关系，生产中应特别注意。

（二）杏树新梢的生长发育规律

杏树新梢的生长与树的发育阶段有关，一般幼树的新梢在1年内的整个营养生长期都在生长，1年可长2米，水肥条件好可达2.5米。

进入盛果期后新梢生长有阶段性，延长头剪口下的第一或二芽抽生的新梢一般有二次生长高峰。第一次在花期刚过，叶芽萌发，随后迅速生长，形成春梢，生长期的长短和新梢生长的长度因树势、树龄及品种而不同。刚进入盛果期的树或水肥条件好的树，新梢第一次生长期时间长，新梢长的也长。如串枝红刚进入盛果期，第一次生长期在 30 天以上，新梢大部分在 60 ~ 70 厘米长，而山黄杏因进入盛果期后 6 ~ 7 年，春梢生长期只 15 天就开始自剪枯顶，新梢只有 5.5 厘米。

新梢第二次生长，一般在雨季之后形成秋梢。北京地区一般是 7 月上中旬开始至 8 月上中旬。秋梢一般生长不充实，其上也能形成花芽，经调查均为不完全花，不能结实。

进入盛果期后树体的短枝生长期比较短，只在萌芽后生长 10 ~ 15 天就开始自剪枯顶，一般没有第二次生长。短枝上形成的花芽质量较好，是主要的结果枝。

二、整形修剪原则

（一）幼树修剪

从定植到开始结果为幼树期。此时期是树冠形成的重要阶段，其突出特点是生长旺盛。修剪的主要任务是培养好各级骨干枝，尽快建成树体坚固、丰产、稳产的树形。同时利用辅养枝，使其成花，为早期丰产打基础。

1. 主、侧枝延长头的修剪

主、侧枝头的最主要功能是扩大树冠。因此应采取适度短截，根据品种特性和肥水条件的不同，剪留长度不同。一般来说，冬剪时截除枝条的 1/3 ~ 1/2 为宜。但应注意主、侧枝的角度需按树形要求，在短截前调整好。翌春，剪口下能萌发 2 ~ 3 个较旺的发育枝；到冬剪时，选留一个角度好的发育枝继续短截处理，其他枝条可选适宜的作侧枝，其余则视作辅养枝。若是改良开心形树形，要注意选一背上发育枝短截后培养枝组，但剪口高度要低于延长头剪口高度。

2. 辅养枝的修剪

在不影响主、侧枝等骨干枝生长的前提下，通过各种措施培养其形成结果枝组。如对直立旺盛的背上枝修剪，长度达 30 厘米左右进行摘心，若生长势太强可连续摘心。也可与拿枝、扭梢等措施结合，使其当年形成有结果能力的结果枝组，若生长季没有进行摘心、扭梢等处理，冬剪时必须将其拉平，不能出现弓弯现象，以免背上枝条旺长，形成徒长性发育枝。幼树阶段，徒长性发育枝占总枝的比率相当高，若利用得好，幼树除能扩大树冠形成骨架外，也有较高的产量。杏树成枝力较弱，长出的枝条除过于拥挤外，最好不要疏枝。幼树除枝干背下发育枝外，在枝侧和背下也常长出一些长的发育枝，由于它们的位置优势不强，因此它们的长势也比背上枝缓和，这类枝条比较容易形成结果枝组。夏剪要在半木质化时进行，促其中下部芽萌发出二次枝。这类枝条冬剪时一般不短截，而是与拉枝措施相结合，进行甩放，促使中下部形成中短果枝。注意这类枝条先端的位置，若先端抬头，往往枝条先端会萌发 1 ~ 2 个发育枝，而枝中下部光秃或萌芽很少。

3. 结果枝的修剪

幼树期结果枝相对较少，这一阶段结果主要靠中短期结果枝组和骨干枝中下部上的花束状果枝、中短果枝结果。原则上这一阶段对结果枝不修剪，但对衰弱的小结果枝组，应注意回缩复壮，以延长其结果寿命，增加早期产量。

（二）盛果期树修剪

一般经过三至四年的整形修剪后，树体骨架已经形成，树冠扩展很慢，各种结果枝连续结果能力强，从而削弱了树势，树冠下部的枝条结果部位还会外移。这一时期的修剪，应以调节树体长势的上下平衡，调节营养生长与生殖生长的平衡为原则。

1. 主、侧延长头的修剪

进入盛果期后，主、侧枝延长头的生长量明显减小，在此阶段对

主、侧枝延长头应进行适当短截，使其萌发新枝。

2.结果枝组的修剪

盛果期，应对各类结果枝组更新复壮。具体方法是：永久型结果枝组，选择中庸枝短截培养，或对直立旺枝进行夏季摘心和冬季拉枝，促使成花。对临时性果枝组及发育枝被拉平后形成的枝组，应根据其长势和所处的位置进行回缩，尤其长的发育枝培养成的结果枝组，先端的果枝结果后极易衰弱，故应逐年回缩。

3.发育枝的修剪

发育枝对枝组更新起着很大作用。为避免内膛光秃，应对膛内发育枝及时摘心和拉枝，尽快培养成结果枝组。因结果被压弯的枝条，应及时吊枝，抬高主、侧枝和大型枝组的角度，以利恢复生长势。

（三）衰老期树修剪

树体在大量结果之后多年，树势极度衰弱，枝条生长量小，枯枝逐年增加，主、侧枝前端下垂，膛内和中下部光秃，树形不正，常常是满树花不结果，产量极不稳定。这一阶段修剪的主要任务是更新复壮，尽量维持树体有较高的产量。在加强肥水的前提下，对骨干枝可行重短截。若骨干枝背上有徒长枝或长发育枝，可用其优势作延长头，而原延长头视一个背下枝组处理。树冠内膛的徒长枝要充分利用，以尽快培养出新的结果枝组；原有枝组要及时更新。通过合理修剪，加强肥水，衰老期树仍会有较理想的产量。

需注意，对衰老树的更新复壮不可盲目，若回缩强度过大，而树体本身树势又很弱，不但达不到更新的目的，反而会造成全株死亡。因此，在更新前后一定要加强肥水管理，做到先复壮，后更新。

三、整形修剪的时期

一般一年中，对杏树进行两次修剪，即冬剪和夏剪，又以冬剪为主。

冬剪是杏树落叶后至第二年春天萌芽前进行的修剪。由于休眠期树体贮藏养分相对较充足，通过冬季大量修剪对某些部位的刺激，使树体营养的积累与分配更加合理，从而促进树体骨架的形成。所以，冬剪是促进枝条更新的重要手段。冬剪的时间，在树体萌芽前越晚越好。

夏剪是冬剪的补充，夏季修剪的主要作用是抑制营养生长，促进生殖生长。通过抹芽、拉枝、拿枝、扭梢、环剥等措施，控制生长势，改善光照条件，以利成花。

四、常见树形及其整形要点

杏树在自然生长状态下，多呈自然圆头形或自然半圆形树冠，规模化杏园运用一定的栽培技术，使树形规范化。生产中常见的树形有自然圆头形、疏散分层形、自然开心形、改良开心形、“V”形等。

（一）自然圆头形

自然圆头形的特点是：无明显的中心领导干，5 ～ 6 个主枝，中央一枝向上延伸，其余各主枝错落着生，长势均衡，向斜上方延伸；每一主枝上着生 3 ～ 4 个侧枝，交错排开；侧枝上着生若干结果枝组。一般来说，自然圆头形除中心主枝外，其他主枝基部与树干的夹角在 45° ～ 50° 之间，主干高度约 80 厘米。

自然圆头形

这种树形修剪量小。3 ～ 4 年即可结果，且结果枝多。由于主枝分布均匀，树冠较开张，膛内通风透光好，有利于早期丰产。但进入结果后期，主侧枝之间易相互重叠，造成内部枝组因光照不好而枯死，使结果部位外移。

（二）疏散分层形

疏散分层形的特点是：有明显的中心干，主枝 8 ～ 9 个，分三层着生。第一层主枝 3 ～ 4 个，第一主枝距地面约 60 厘米，其余主枝两两相距约 20 ～ 30 厘米，相互错开排列。第二层主枝 2 ～ 3 个，距离第一层主枝 80 厘米左右，层间主枝距离 15 ～ 25 厘米，也要错开排列，且不能与第一层主枝相互重叠；第三层主枝 1 ～ 2 个，距第二层主枝 50 厘米左右，与第二层主枝相互错开排列。主枝上着生侧枝，第一层每一主枝上着生侧枝 3 ～ 4 个；第二、三层每一主枝上着生侧枝 1 ～ 2 个。每层主枝内相邻两侧枝距离 30 ～ 40 厘米，层内及层间侧枝均应错落排开，各侧枝上着生若干结果技组。该树形第一层总枝量与结果量应占整株的 65% ～ 70%。若树体上层枝量过多，必将造成上强下弱，而上层结果比例高，很不便于树体管理。

疏散分层形

疏散分层形的优点是：由于树体结构层次性较强，使树体内膛光照较好，膛内枝组不致于光秃死亡，从而达到立体结果的目的；该树形结果寿命长，进入盛果期后产量也较高。其缺点是成形晚，树偏高，不利于管理和早期丰产。

（三）自然开心形

自然开心形的最大特点是没有中心领导干，全株共 3 ～ 5 个主枝，主干高度 50 ～ 60 厘米，主枝间距 10 ～ 20 厘米，分布均匀。主枝上着生侧枝，侧枝上着生枝组。主枝的基角 60 ～ 65 度之间。自然开心形光照条件好，结出果实质量高，树体成形快，有利早期丰产。缺点是整形要花费人力和物力，幼树要拉枝，盛果期后要吊枝。管理不好，主侧枝基部易光秃。

自然开心形

（四）改良开心形

改良开心形的特点和自然开心形基本相同，树体没有中心领导干，全株 3 ～ 5 个主枝，主干高度 40 ～ 60 厘米，主枝间距 15 ～ 20 厘米，主枝分布均匀。主枝上直接着生背上枝组。当外围空间过大时，每 1 主枝可一分为二变成两个主枝，最终每株树总主枝头可达 10 个以上。该树要求主枝角度在 65°以上。其优点是除具有自然开心形的优点外，还能防止主枝基部光秃，有利于早结果和早期丰产。缺点是整形期间较费工。

改良开心形

五、整形修剪技术

整形修剪包括短截、疏枝、回缩、甩放等技术。

短截，又称短剪，就是剪去枝梢的一部分。短截能够刺激新梢萌发、促进枝条生长，调节树体营养分配，达到控制树冠和枝梢的目的。

疏枝，即从基部疏除枝条。疏枝可以降低枝条密度，改善树体光照条件，调节树势和树体营养分配状况。

回缩，是对多年生枝进行短截，修剪量大，刺激较重，多用于枝组或骨干枝的更新及树冠辅养枝的控制。

甩放，就是对营养枝不剪，得以缓和新梢长势。幼树时期，旺枝甩放可以促进花芽形成，提早结果。

各种技术应根据采用树形、树体生长时期和生长状况的不同加以运用。以自然开心形为例加以简单介绍。

在定植的当年定干，定干高度一般为 60 ～ 80 厘米。定干当年，对干高 40 厘米以下的芽子及时抹除，定干剪口下 10 厘米距离为整形带。萌芽后在整形带处选留 3 ～ 5 个方向适中，生长较旺的新梢，按树形特点调整角度。其他新梢则采取摘心、拿枝或拉平处理，以作

短截

疏枝

回缩

为辅养枝使其早结果。第一年冬剪时，根据品种特性和生长势对主枝进行短截，剪留长度为枝条总长度的 1/3 ～ 2/3。对其他枝条宜轻剪缓放，以利提早成花。第二年冬剪，由于根系生长扩大，树势逐渐增强，

其修剪量适当减小。主枝延长枝的剪留长度为枝条总长的1/2，其他枝条如辅养枝、果枝等适当轻剪。第三年冬剪，定植后第三年的杏苗，树形已基本形成，一、二级主枝上的侧枝已经具备，树体高度一般为2米左右。其修剪方法基本上与第二年相同。但从第三年冬剪开始要选留结果枝组，特别要注意在三级主枝培养永久性结果枝组。结果枝组选留的方法是，在树膛里面利用0.8厘米左右粗度的枝条培养，可以是竞争枝改造后的枝条，也可以是徒长性果枝；外围一般选留1厘米左右粗的发育枝或徒长性果枝进行短截培养。一般膛内培养小型枝组，树冠外围则以培养大、中型枝组为主。膛内的果枝组可较早去掉带头枝，回缩结果；外围的果枝组一般4～5年后去掉带头枝。结果枝组要与主枝、侧枝在生长势和位置上保持主从关系，使树体层次分明，以利光照和便于修剪。

第七章 花果管理

一、疏花、疏果技术

疏花蔬果有利于克服果树大小年现象，增大果个、改善果形、提高果实品质。

杏树疏花、疏果通常在大年里进行，最好在花芽萌发前结合冬剪，短截部分多余的花枝。

人工辅助授粉

疏果措施应在杏第二次自然落果后（约盛花后15～20天）进行。采用人工手疏或化学疏除。确定留花留果量通常按叶果比、枝果比、主干横截面积和果实间距等多种方法。留果量的多少根据果实大小、树势、肥水条件和修剪情况的不同而变化。一般大果型品种、树势弱、肥水条件一般和修剪较轻者应少留果，反之可适当多留。结果生长正常的杏树按照枝果比确定留果量时，一般花束状果枝和短果枝每枝留1～2个果，中果枝3～4个，长果枝4～5个。每果枝留果多少应根据果枝的密度和所占空间而定。采取叶果比的方法疏果时，一般树冠上部的枝条叶果比为25 ：1，中下部枝条叶果比为30 ：1。生产上常按照“看树定产，分枝负担，留果均匀”的原则确定留果量。

疏花疏果可尽早进行，但要留有余地，待自然落果后再定果，定果后所留果量是最终留果量。

二、提高坐果率的技术

（一）配置授粉树

大多数杏品种均需配置授粉树，但生产上往往忽视配置授粉树。新建杏园应配置授粉树，缺乏授粉树的成龄杏园，应通过高接（改接）部分授粉树的措施补救。

（二）花期放蜂和人工辅助授粉

花期在果园内放蜜蜂可以显著提高坐果率，据研究，蜜蜂飞行可达5千米；也可投放角额壁蜂进行辅助授粉，有明显的增加坐果率作用，该蜂授粉效果好，方法简单、投资少，是一理想辅助授粉蜂种。

杏有自花不结实或结实率很低的特点，栽植杏树时需要选配授粉亲和性好的品种做授粉树。另一方面，由于杏花期多遇大风，因此人工辅助授粉对提高结实率起着重要作用。根据北京市通州区小海子等

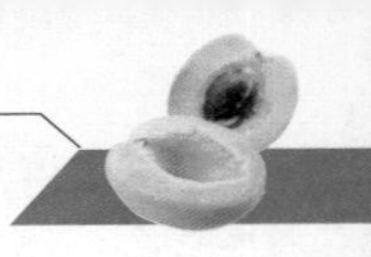

杏园的经验，在缺乏授粉品种或没有授粉品种的成年杏园，经过人工辅助授粉后，其年产量比原来提高 4 ～ 10 倍。

人工辅助授粉

在设施栽培条件下，由于环境密闭，没有昆虫授粉，也无风力传粉，杏品种自花不结实的缺点，花期必须进行人工辅助授粉或蜜蜂授粉，以提高其座果率。一般每 667 平方米放置 1 ～ 2 箱蜜蜂即可。放蜂期间，一定要用纱网把放风口封上，以防蜜蜂飞出棚室外而冻死，降低蜂群数量。用蜜蜂授粉，杏树授粉受精效果最好，但棚室内应有 2 ～ 3 个品种同时开花才能达到授粉受精的要求。

(三)高接授粉树或花期挂花枝瓶

在缺乏适合的授粉树的杏园，要选择适合的授粉树进行高接。或者在花期选授粉亲和力强的品种，采集其部分花枝插入装有水的瓶中，将瓶挂在被授粉树的最高处，可起到辅助授粉的作用。

(四)应用生长调节剂

应用生长调节剂可提高杏的坐果率，青岛市农业科学研究所经试验认为 100 毫克 / 千克以下浓度的赤霉素，在 9 月下旬至 10 月中旬喷散，翌年坐果率随浓度的提高而增加，但超过 100 毫克 / 千克后，效果与浓度则成反比。

三、预防花期晚霜危害

杏树是一个开花早的树种，花期常常遭遇晚霜的危害。因此预防花期晚霜危害对提高杏树产量至关重要。

（一）霜冻种类

根据霜冻发生时期，分为早霜冻（也叫秋霜冻）和晚霜冻（也叫春霜冻）。按霜冻形成的天气条件的不同，又可分为平流型霜冻、辐射型霜冻、混合辐射霜冻和蒸发型霜冻4种类型。平流型霜冻是由于出现强烈冷平流天气引起剧烈降温而发生的霜冻。这种霜冻由于受系统性大规模冷空气的入侵，因而其危害的面积大；辐射型霜冻是指晴朗无风的夜间，植物表面强烈辐射降温而形成的霜冻。此类型霜冻持续时间短，在同样的低温下对果树危害较轻；混合辐射霜冻是指冷平流和辐射降温共同作用下形成的霜冻。华北地区发生的早霜冻大多数属于该类型。这类霜冻出现的次数多，影响范围大，并可以发生在日平均气温较高的暖和天气之后，所以对果树生产危害较严重。

花期冻害

（二）晚霜防治技术

有关抗晚霜，国外从杏生物学和生理学领域开展了较多的研究。通过人工模拟晚霜试验将供试杏品种抗寒能力划分4大类型，并认为抗寒能力与品种起源（种和品种群）和品种所需要的需冷量有直接关系，这为本项目通过筛选抗晚霜品种的措施达到杏树稳产的目的提供了理论基础。近几年，杏“新品种”不断被报道能够抗晚霜，几乎所有在杂志刊登的杏品种（或“新品种”）都注明该品种能够抗晚霜，但是，绝大多数缺乏实验和生产证据。

从目前防晚霜实用技术领域，美国、日本、澳大利亚等国家在利用人造卫星航照得到红外线相片，然后调查各地果园气温资料，并结合果树叶片、树体抗寒性多点测定，可在3天以前预测寒潮的低温及树体的耐寒力。此航照可解析到1℃，最小区划面积8公顷，观察1小时内就可提供资料，给电脑分析，利用电话和电视系统传播低温预测消息，使生产者作好果园防冻准备。在此基础上，采用以下几种方法：

1. 燃烧法

在无霜夜，如要想得到1℃左右的升温效果，就必须每公顷面积上放置200个以上的燃烧点，3公顷作为燃烧面积的界限。美国常用该方法，使用重油为燃料。由于在中国燃烧重油成本高，果农难于接收。

2. 吹风法

在高 10 米左右的塔上安装转盘，使直径 3 ～ 5 米的螺旋桨转动，所用发动机功率为 80 ～ 100 马力。当逆温很强时，紧挨鼓风机附近可升温 3℃。其他均在 2.5℃以内，在很大面积保证升温效果至多为 1.5℃，应不停地吹风，至少也应是间歇地吹风，间隔时间应很短，如停止吹风，很快就会恢复到原来的逆温状态。日本歌山县已部分普及了 750 ～ 2200 瓦的小鼓风机。小中原实（1984）认为，为使园内普遍升温，每公顷大致需要 3 台 2200 瓦的鼓风机。

3. 增温鼓风机

通过应用“增温鼓风机”，使果园的温度在夜间提高 4 ～ 5℃，达到防晚霜危害的目的，这是 20 世纪 70 年代开始研究，80 年代开始推广的有效防晚霜实用新技术，百亩果园每夜成本折合人民币 80 元，目前许多国家的果园都普遍应用“增温鼓风机”防晚霜。

4. 烟雾法

当晚霜来临时，在果园内熏烟。

5. 覆盖法

在日本防冻常采用覆盖法防晚霜。以前使用草席、草帘等覆盖物，现在广为利用涤纶白布、冷布等合成纤维类做覆盖材料。除了能防止覆盖物内的气温下降外，还能防止干枯和辐射冷却，但覆盖物表面的低温逐渐影响到里面，使其附近的内部保温效果最多只 1 ～ 2℃。

6.灌水法

Davies（1980）提出秋季适度灌水，不能过量，以“叶片在中午有短暂的萎蔫”作为秋灌的一项指标有利于抗晚霜。

7.喷灌法（又叫结冰法）

美国把高头喷灌法当做一种低成本高效益的抗寒方法，并成功地应用在苗圃和幼树果园，但是不适宜进入盛果期大树。

8.喷布生长调节剂

应用 MH、NAA、2,4-D 等推迟花期，达到防晚霜的目的。

9.栽培措施

平衡营养施肥，避免氮肥过量。

10.防风障

近几年一些杏园采用搭“防风障”的方法防晚霜也取得了有效的结果。

11.防霜灵

中国农业大学园艺学院等单位研制的“防霜灵”在防晚霜中也取得了一定的防晚霜效果。目前在我国至少有 7 种“防霜灵”产品，对杏树更有效防晚霜的“防霜灵”产品有待进一步试验和筛选。北京市农林科学院林业果树研究所近几年通过试验，摸索出能够诱导杏花期自身产生抗冻性的配方，经试验证明，在花前和花期喷施两次，具有良好的防霜效果。

12.防治冰核生物

自从 Schnellt 和 Vat（1972）发现腐烂的树叶为重要的成冰核颗粒源（冰核生物）的报道以来，有关冰核生物（尤其是冰核细菌）的研究在国内外的研究越来越广泛和深入。均认为冰核细菌是诱发和加重杏树花期霜冻的重要因素。中国农业科学院植保所从 102 种各类药物中，已经筛选到既能杀灭冰核细菌又具不同程度破坏冰核活性的药

剂28种。经人工模拟霜箱防霜效果测定，从中又筛选到抗霜剂、抗霜素和抗霜保，同时应用微生物防霜技术的研究也取得进展。但是，这些防霜剂在杏树上尚需要进一步田间试验。

第八章

病虫害防治

一、常见病害及其防治

(一) 杏疔病

又称杏疔叶病，叶柄病，红肿病等。在我国杏产区均有发生，尤其山区粗放管理杏园发生较重。主要为害新梢、叶片，也有为害花或果的情况。

1. 识别要点

杏树新梢染病后，生长缓慢或停滞，节间短而粗，病枝上的叶片密集而呈簇生状。表皮起初为暗红色，后为黄绿色，病叶上有黄褐色突起的小粒点，也就是病菌的孢子器。叶片染病后，先由叶脉开始变黄，沿叶脉向叶肉扩展，叶片由绿变黄至金黄，后期呈红褐色、黑褐色，厚度逐渐加厚，为正常叶的4～5倍，并呈革质状，病叶的正、反面布满褐色小粒点。到后期病叶干枯，并挂在瘠上不易脱落。果实染病后，生长停滞，果面有黄色病斑，同时也产生红褐色小粒点，后期干缩脱落或挂在树上。花朵受害后，萼片肥大，不易开放，花萼及花瓣不易脱落。

2.发病规律

病菌以子囊在病叶中越冬。挂在树上的病叶是此病主要的初次侵染源，春季子囊孢子从子囊中放射出来，借助风雨或气流传播到幼芽上，遇到适宜的条件，即很快萌发侵入。随幼枝及新叶的生长，菌丝在组织内蔓延，5 月间呈现症状，到 10 月间病叶变黑，并在叶背面产生子囊壳越冬。此病 1 年只发生 1 次、没有第二次侵染、发病。

3.防治方法

杏疔病只有初次侵染而无再侵染，在发病期或杏树发芽前，彻底剪除病梢，清除地面的病叶，病果集中烧毁或者深埋，是防治此病的最有效方法，连续进行 3 年，可基本将此病消灭。如果清除病枝、病叶不彻底，可在春季萌芽前，喷密度 1.03 克／升的石硫合剂，或在杏树展叶时喷布 1 ～ 2 次 1 ：1.5 ：200 波尔多液，其防治效果良好。

（二）杏流胶病

又称瘤皮病或流皮病。我国南北方杏产区都有不同程度的危害。该病对杏树影响很大，轻则枝条死亡，重则整株枯死。

1.识别要点

主要为害枝干和果实。枝干受侵染后皮层呈疣状突起，或环绕皮孔出现直径 1 ～ 2 厘米的凹陷病斑，从皮孔中渗出胶液。胶先为淡黄色透明，瘠脂凝结渐变红褐色。以后皮层及木质部变褐腐朽，其他杂菌开始侵染。枯死的枝干上有时可见黑色粒点。果实受害也会流胶。

果实受害多在近成熟期发病，初为褐色腐烂状，逐渐密生黑色粒点，天气潮湿时有孢子角溢出。

2. 发病规律

病菌主要在枝干越冬，雨水冲溅传播。病菌可从皮孔或伤口侵入，日灼、虫害、冻伤、缺肥、潮湿等均可促进该病的发生。

3. 防治方法

首先应加强栽培管理，增强树势，提高树体抗性。其次，为减少病菌从伤口侵入，可对树干涂白加以保护。休眠期刮除病斑后，可涂赤霉素的100倍液或密度1.03克/升的石硫合剂防治。生长季节，结合其他病害的防治用75%百菌清800倍液，甲基托布津可湿性粉剂1500倍液，异菌脲可湿性粉剂1500倍液，腐霉利可湿粉剂1500倍液喷布树体。

（三）杏疮痂病

又称黑星病，在我国华北诸省和山东省杏产区杏果实上常有发生。发病严重者造成果实和叶片脱落，一般情况下果面粗糙，出现褐色圆形小斑点，严重者斑点可连成片状，果实成熟时，褐色病斑龟裂，失去商品价值，尤其在“红玉”品种上表现明显。

1. 识别要点

为害叶片和枝梢等，也危害果实。果实发病产生暗绿色圆形小斑点，果实近成熟时变成紫黑色或黑色。病斑侵染仅限于表层，随着果实生长，病果发生龟裂。枝梢被害呈现长圆形褐色病斑，以后病部隆起，常产生流胶。病健组织明显，病菌仅限于表层侵染。次年春季，病斑变灰产生黑色小粒点。叶片发病在叶背出现不规则形或多角形灰绿色病斑，以后病部转褐色或紫红色，最后病斑干枯脱落，形成穿孔。

2. 发病规律

病菌在病枝梢上越冬，次春孢子经风雨传播侵染。病菌的潜育期很长，一般无再侵染。多雨潮湿利于病害的发生。春季和初夏降雨是影响疮痂病发生的重要条件。一般中晚熟品种易感病。

3. 防治方法

萌芽前喷布密度为 1.02 ～ 1.03 克／升石硫合剂或 500 倍五氯酚钠。花后喷密度为 1.0 克／升石硫合剂，0.5 ∶ 1 ∶ 100 硫酸锌石灰液及 65%代森锌 600 ～ 800 倍液。生长后期结合其他病害的防治喷 70% 百菌清 600 倍液；或甲基托布津可湿性粉剂 1000 倍液。结合冬剪，可剪掉病枝集中烧毁。此外，应加强栽培管理，提高树体抗性；还要合理修剪，保证光照充足，防止树体郁闭。

（四）杏细菌性穿孔病

在全国各杏产区都有发生，造成大量落叶，削弱树势，降低产量。

1. 识别要点

为害叶片、果实和枝条。叶片受害初期，呈水浸状小斑点，后扩大为圆形、不规则形病斑，呈褐色或深褐色，病斑周围有黄色晕圈。以后病斑周围产生裂纹病斑，脱落形成穿孔。果实上病斑呈暗紫色凹陷，边缘水浸状。潮湿时，病斑上产生黄白色黏分泌物。枝条发病分春季溃疡和夏季溃疡。春季溃疡发生在上 1 年长出的新梢上，春季发新叶时产生暗褐小疱疹，有时可造成梢枯。夏季溃疡于夏末在当年生新梢上产生，开始形成暗紫色水浸状斑点，以后病斑呈椭圆形或圆形，稍凹陷，边缘水浸状，溃疡扩展慢。

2. 发病规律

由细菌引起。春季枝条溃疡是主要初侵染源，病菌借风雨和昆虫传播。叶片通常 5 月间发病。夏季干旱病情发展缓慢，雨季又可侵染。此病在温暖、降雨频繁或多雾季节发生，品种之间抗性差异大。

3. 防治方法

新建杏园要选好建园地和栽培品种，杏园建好后要加强果园管理，多施有机肥，合理使用化肥，合理修剪，适当灌溉，及时排水，以增强树势，提高树体抗病能力。发芽前，可喷 1 ∶ 1 ∶ 120 的波尔多液或密度为 1.02 ～ 1.03 克／升石硫合剂；展叶后叶喷密度为 1.0 克／升石硫合剂防治。5 ～ 6 月份喷硫酸锌石灰液 1 ∶ 4 ∶ 240，用前应先做试验，以免发生药害；也可用 65% 代森锌可湿性粉剂 500 倍液防治。

（五）杏褐腐病

又名菌核病，我国南、北方杏产区均有发生，一般温暖潮湿的地区发病较重，干旱地区较轻。可引起果园大量烂果、落果，贮运期间可继续传染，损失很大。除危害杏外，还危害桃、李、樱桃等核果类果树，偶尔可侵染梨、苹果等。

1.识别要点

为害花、叶、枝梢及果实，果实受害最重。果实自幼果至成熟均可受害，而以接近成熟、成熟、或贮运期受害最重。最初形成圆形小褐斑，迅速扩展至全果。果肉深褐色、湿腐，病部表面出现不规则的灰褐霉丛。以后病果失水形成褐色至黑色僵果。花器受害变褐枯萎，潮湿时表面生出灰霉。嫩叶受害自叶缘开始，病叶变褐萎垂。枝梢受害形成馈疡斑，呈长圆形，中央稍凹陷，灰褐，边缘紫褐色，常发生流胶，天气潮湿时，病斑上也可产生灰霉。

2.发病规律

病菌主要在僵果和病枝上越冬，次年春天产生大量孢子，借风雨传播，也可虫传，贮运期间，病健果直接接触也可传染。若花期和幼果期遇低温多雨，果实成熟期温暖、多云多雾、高湿度的环境，则发病重。

3.防治方法

结合冬剪剪除病枝病果，清扫落叶落果集中处理。田间应及时防治害虫。果实采收、贮运时要尽量避免碰伤。此外，芽前喷布密度为 1 ~ 1.02 克／升石硫合剂；春季多雨和潮湿时，花期前后用 50% 速克灵 1000 倍液或苯来特 500 倍液，或甲基托布津 1500 倍液，或 65% 可湿性代森锌 500 倍液喷撒防治；也可在采前用上述药剂或百菌清 800 倍液防治。

(六)杏红点病

分布较普遍，尤以东北地区发生严重。可造成落叶，削弱树势，影响产量和品质。为害树种有杏、李以及其他李属植物。主要为害杏、李树的叶片和果实。

1.识别要点

叶片受害初期，叶面出现橙黄色近圆形病斑，稍隆起，边缘清晰。随病斑的不断扩大，颜色逐渐加深，病部叶肉增厚，病斑上出现许多深红色小粒点，到秋末病叶转变为红黑色，正面凹陷，背面凸出，使叶片卷曲，并露出黑色小点。病重的植株，叶片上病斑密布，叶色发黄，造成早期落叶。果实受害，果面出现橙红色圆形病斑，稍隆起，边缘不清楚，最后呈红黑色，其上散生许多深红色小粒点。果实常呈畸形，不能食用，易脱落。

2. 发病规律

病菌子囊壳在叶片枯死后才完全成熟，病菌以子囊壳越冬。第二年开花末期子囊破裂，散出大量子囊孢子，借助风、雨传播为害。此病由杏树展叶盛期到 9 月均有发生，尤其在雨季发生严重。

3. 防治方法

加强杏园管理，彻底清除病叶、病果，集中深埋或烧毁。并注意排水，勤中耕，降低土壤湿度。药剂保护包括：在开花末期和叶芽萌发时喷石灰倍量式波尔多液 200 倍；芽前喷密度为 1.03 克 / 升石硫合剂；生长季根据降雨及病情，喷布密度为 1.0 克 / 升石硫合剂、琥珀酸铜 100 ～ 200 倍液或 65%代森锌 400 ～ 500 倍液。

（七）杏日灼病

1. 识别要点

由于日光暴晒引起的果实失水、萎蔫、坏死。果实被晒部分先出现皱缩和黄褐色斑块，进而水渍状、变褐下陷。

2.发病规律

日灼病大多因树势衰弱、营养水分供给不足、果实暴露或短期供水失调而发生。果实发育的各个时期均有发病，多发生在无叶片遮盖的向阳面。果实近成熟时连续阴雨后突然高温暴晒极易发病。不同品种对此病抗性差异较大。

3.防治方法

首先，建园时应选择对日灼病抗性强的品种；其次，科学管理，增强树势，提高树体抗病性；第三，夏季烈日暴晒期可喷布 200 倍石灰水。

二、主要虫害及其防治

（一）杏仁蜂

又称杏核蜂，在我国东北、华北、西北诸省杏产区均有发生。主要为害杏果实和新梢，有时也为害桃果实。幼虫蛀食果仁后，造成落果或果实干缩后挂在树上，被害果实新梢也随之干枯死亡。

1.形态特征

雌成虫体长 6 毫米左右，翅展 10 毫米左右。头大、黑色，复眼暗赤色。触角 9 节，第一节特别长，第二节最短小，均为橙黄色，其他各节黑色。胸部及胸足的基节黑色，其他各节橙色。腹部橘红色，有光泽，产卵管深棕色，发自腹部腹面中前方，平时纳入纵裂的腹鞘

内。雄成虫体长5毫米左右，与雌成虫形态不同处表现在触角3～9节上，有环状排列的长毛，腹部黑色。卵白色，长圆形，上尖下圆，长约1毫米，剖开杏果也不易看见，近孵时卵为淡黄色。幼虫乳白色，体长6～10毫米，体弯曲，两头尖而中部肥大。头部有一对很发达的上颚，黄褐色，其内缘有一很尖的小齿，无足。蛹长5.5～7.0毫米。腹部占蛹体的绝大部分。初化蛹为乳白色，其后显现出红色的复眼。雌蛹腹部为桔红色，雄蛹则为黑色。

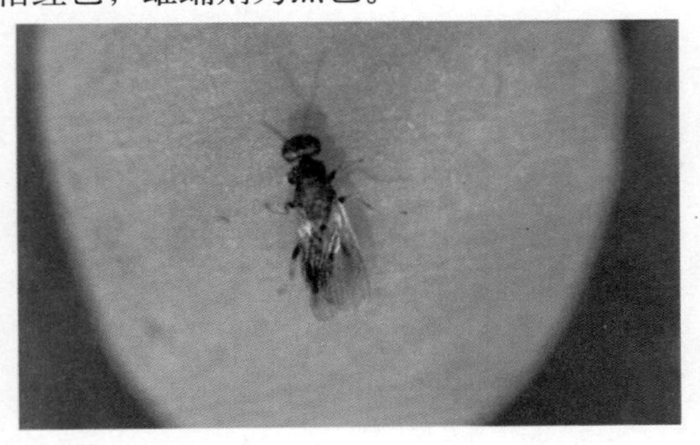

2. 发生规律

1年发生1代，主要以幼虫在园内落地杏、杏核及枯干在树上的杏核内越冬越夏。也有在留种的和市售的杏核内越冬的幼虫。4月份老熟幼虫在核内化蛹，蛹期10余天，杏落花时开始羽化，羽化后在杏核内停留一段时间，成虫咬破杏核成圆形小孔爬出，约1～2小时后开始飞翔、交尾。雌虫产卵于核未硬化的小果的杏肉与杏仁之间，每杏1粒，幼虫一直在杏仁肉内过夏、越冬。来年再羽化出核，如此循环为害杏果。

3. 防治方法

(1) 加强杏园管理，彻底清除落杏、干杏。秋冬季收集园中落杏、杏核，并振落树上干杏，集中烧毁，可以基本消灭杏仁蜂。

(2) 结果杏园秋冬季耕翻，将落地的杏核埋在土中，可以防止成虫羽化出土。

(3) 用水选法淘出被害杏核。被害杏核的杏仁被蛀食，比没受害

的杏核轻，加工时用水浸洗，漂浮在水面的即为虫果，淘出后应集中销毁。

(4) 在成虫羽化期，地面撒3%辛硫磷颗粒剂，每株250 ~ 300克，或25%辛硫磷胶囊，每株30 ~ 50克，或50%辛硫磷乳油30 ~ 50倍液，撒药后浅耙地，使药土混合。

(5) 落花后树上喷布20%速灭杀丁乳油或20%中西杀灭菊酯乳油3000倍液，消灭成虫，防止产卵。

（二）杏象甲

又称杏象鼻虫，桃小象虫，俗称杏狗子。分布在我国东北、华北、西北、华东、河南、湖南等果产区。主要为害杏、桃，也为害李、梅、樱桃、苹果和梨等。以成虫取食芽、嫩枝、花和果实，成虫产卵在幼果内，并咬伤果柄，幼虫在果内蛀食，致使被害果早期脱落，造成减产。

1.形态特征

成虫体长7 ~ 8毫米，紫红色，有金属光泽。有1根细长的管状口器，约为体长的一半，故名为象鼻虫。鞘翅上有小刻点和褐色纵线，上半部有一凹陷的横沟。卵呈椭圆形，体长径约0.8毫米，初产乳白色，接近孵化时变为黄色。其幼虫体长约8毫米，呈乳白色至淡黄白色，体表有横皱纹，微弯曲。蛹长约5毫米，密生细毛，尾端有1对褐色的刺，蛹体初期为乳白色，后渐变为黄褐色，羽化前为红褐色。

2.发生规律

杏象甲每年发生1代。以成虫在土内越冬，也有的在树干粗皮裂缝内或杂草根际处越冬。到次年春天，杏、桃开花时、杏象甲出蛰活动，到树上咬食嫩芽、嫩叶和花蕾，当受惊吓时虫体则假死落地。5月中、下旬开始产卵，产卵前要先将幼果咬一小孔洞，再将其产卵器插人孔内，产1粒卵，然后用黏液覆盖孔洞，黏液干后呈黑点，并将果柄咬伤。每一雌虫可产卵20 ~ 85粒，卵期7 ~ 8天，孵化后幼虫即在果内食果肉和果核，造成幼果脱落。幼虫老熟后从果内爬出并入土化蛹，到秋末羽化为成虫越冬。

3.防治方法

(1) 在成虫出土期，3 月底至 4 月初的清晨振动树体，利用其假死性进行人工捕杀成虫。

(2) 及时拣拾落果，集中烧毁或深埋，消灭幼虫。

(3) 在成虫发生期，喷布 90%敌百虫 600 ～ 800 倍液，或 50%敌敌畏乳油 1000 倍液，每隔 10 ～ 15 天喷 1 次，连续喷 2 ～ 3 次即可。

(三)桑白蚧

又名桑盾蚧、桃白蚧，俗称树虱子。分布在全国果、林产区。北方果区受害较重。主要为害杏、桃、李、樱桃等核果类果树，也为害核桃、葡萄、柿树、桑树和丁香等。树体皮层受害后坏死，严重受害的枝干皮层大部坏死后，整个枝干即枯死。为害时以雌成虫和若虫群集固定在枝条上吸食汁液，小枝到主枝均可受害，其中 2 ～ 3 年生枝受害最重，发生严重时，整个枝条被虫体覆盖，远看很像涂了一层白色蜡质物。被害处由于不能正常生长发育而凹陷，因此受害枝条的皮层凹凸不平，发育不良，受害严重的枝条往往出现干枯，直至死亡。

1.形态特征

桑白蚧的雌成虫为橙黄色，虫体长约 1 毫米，宽卵圆形，扁平。其蚧壳为近圆形，直径约 2 毫米，略隆起，有轮纹，灰白或灰褐色，壳点黄褐色，位于蚧壳中央偏侧。雌成虫的触角短小呈瘤状，上有

1根粗刚毛。头、胸部不易分开，腹部分节明显，臀板较宽，末端具3对臀叶。口针丝状。雄成虫体长0．7毫米，为橙红色，触角10节，有长毛。胸部发达，有1对触角，3对足，能爬行，腹部末端有两根刚毛。

2.发生规律

桑白蚧每年发生的代数因地区而异。如广东为5代、浙江为3代、北方各省为2代。北京、天津、河北等地1年发生2代，以受精的雌成虫在枝条上越冬。越冬的雌成虫于4月下旬至5月下旬产卵，5月上旬为产卵盛期。卵从5月初开始孵化，约经1周，孵化率达90%，孵化后的若虫自母体壳下爬出，在枝条上寻找适当的地方固定下来，经5～7天开始分泌棉絮状蜡粉，覆盖在体上。若虫经1次脱皮后，继续分泌蜡质物，形成介壳，到6月中、下旬发育为成虫，又开始产卵。第二代若虫孵化盛期在8月上旬，到9月初发育为第二代雌成虫，经交尾后以受精雌成虫在枝干上越冬。

雄虫的幼虫期为2龄，第二次脱皮后变为前蛹期，再经蛹期后羽化为有翅的雄成虫。第一代雄成虫于6月中旬开始羽化，羽化期很集中，雄成虫的寿命仅1天左右，羽化后就交尾，不久便死亡。

桑白蚧的天敌种类不少，如捕食性的红点唇瓢虫和寄生性的软蚧蚜小蜂等。在自然条件下，对桑白蚧均有一定的防治作用。

3.防治方法

对桑白蚧的防治应采取果树休眠期和生长期的药剂防治与保护，利用天敌相结合的综合措施。

(1) 结合冬季和早春的修剪和刮树皮等措施，及时剪除被害严重的枝条，或用硬毛刷清除枝条上的越冬雌成虫。将剪下的虫枝集中烧毁。

(2) 在杏树休眠期，进行药剂防治，消灭树体上的越冬雌成虫是压低虫口基数的主要措施。即在早春发芽前喷5%石油乳剂，或喷密度为1.03克／升石硫合剂，也可喷布3%的石油乳剂+0.1%二硝基酚，防治效果均好。

(3) 生长期的防治，即第一、第二代若虫孵化的初、盛末期（也就是当卵孵化 30%和 60% 时）各喷布 1 次下列药剂中的一种，就可以有效地消灭若虫。0.3 波美度石硫合剂；45% 马拉硫磷乳油 800 倍液；50% 辛硫磷乳油 1000 倍液；40% 乐果乳油 1000 倍液；25% 西维因可湿性粉剂 500 倍液。

(4) 雄成虫羽化盛期，喷布 50% 敌敌畏乳油 1500 倍液，可以大大消灭雄成虫。

（四）杏星毛虫

又称桃斑蛾，梅董蛾，俗称夜猴子，红肚皮虫。主要分布在杏、桃、李等核果产区。为害桃、李、杏、樱桃、梨、葡萄等。其幼虫在早春时钻入刚萌动的花芽中为害，以后取食叶片，严重时将叶片吃光，影响树势和产量。

1. 形态特征

成虫为蓝黑色中型蛾，有光泽。翅半透明，翅脉和边缘黑色，此虫与梨星毛虫极相似，其主要区别是后者翅灰黑，无光泽。幼虫体长约 16 毫米，纺锤形，体背暗紫褐色，腹面暗粉红色；各体节有横列毛丛 6 个。背板为黑色，中央有一淡色纵纹。

2. 发生规律

杏星毛虫每年发生 1 代，以初龄幼虫在树皮裂缝内结茧越冬。当桃树、杏树发芽时出蛰，幼虫白天潜伏在树下的石块、土块、草丛中，傍晚上树取食芽、花和叶，老熟后寻找隐蔽处结茧化蛹，6 月羽化，卵多产在叶背，孵化后取食，不久即作茧越冬。

3. 防治方法

(1) 幼虫越冬前，在树干上绑草诱集越冬幼虫，于第二年越冬幼虫出蛰前，及时将树干上的草靶取下，集中消灭越冬幼虫。

(2) 早春幼虫出蛰前，彻底刮掉树上的粗、老翘皮，并将刮下的树皮碎屑集中烧毁，消灭越冬幼虫；对树干光滑的小树，可在树干周围培土压实，使越冬幼虫不能上树为害。

(3) 杏树花芽膨大期，当发现被害芽表面溢出黄白色的黏液时，及时喷布 50% 敌敌畏乳油或 90% 晶体敌百虫 1000 倍液；或 2.5% 溴氰菊酯乳油 5000 倍液。

(4) 幼虫以卷叶为害，可以进行人工摘除被害叶或捏死虫苞内的幼虫；成虫发生量较大时，在早晨气温低时震动树枝，可消灭未产卵的成虫。

（五）舞毒蛾

又名秋千毛虫、柿毛虫。此虫在我国北方果树产区发生普遍。其食性很杂，为害桃、李、杏、苹果、梨、核桃、柿子等果树，也为害桑、柳等多种林木。以幼虫咬食叶片，有时也啃食果实，常把幼果表面咬成小窟窿。管理粗放的果园，常因防治不及时而受害较重，被害树的树势衰弱，影响产量。

1. 形态特征

其成虫为雌雄两型，体形及色泽差异较大。雌成虫体长 25 ～ 30 毫米，翅展 70 ～ 80 毫米。触角栉齿状，黑褐色。成虫体及翅污白色，前翅有 4 条从前缘波状褐色短横纹。后翅近外缘有 1 条不明显的条纹。前后翅外缘各有 7 个深褐色小斑点。腹部肥大，尾端密生黄褐色绒毛。雄虫体长 20 毫米，翅展 45 毫米左右，体褐色。触角双栉齿状，黑褐色。前、后翅暗褐色，前翅前缘至后缘有较明显的 4 条浓褐色波状纹。后翅中部毛近前缘处有 1 横纹。腹部较细，腹面黄白色。卵为球形，直径约 0.9 毫米，灰褐色，有光泽，坚硬，数百粒聚集成块，卵块形状不规则，表面覆盖较厚的黄褐色绒毛。老熟幼虫体长 60 毫米左右，头黄褐色，上有褐色斑纹，正面有灰黑色八字形纹。胴部灰褐色，背线和亚背线黄褐色，各体节背面均有对生的毛瘤，共 11 对。体两侧各体节气门线上下各有 1 小红毛瘤，其上生灰褐色刚毛。腹部第六、七节背中央各具一翻缩腺。蛹，雌蛹体长 30 ～ 35 毫米，雄蛹 20 ～ 25 毫米，深褐色，纺锤形。各体节背面生黄褐色短毛丛，以头、胸背面较多。

2.发生规律

舞毒蛾1年发生1代，以未孵化出壳的幼虫在卵内越冬。越冬卵块多在树干、大枝的阴面、屋檐和石缝等处。5月上旬至6月上旬孵化。初龄幼虫有群集性，白天在叶背静息，夜间取食活动，遇惊动财吐丝下垂，随风飘荡，似打秋千，所以又称“秋千毛虫”。2龄以后分散为害，白天多潜伏在树皮裂缝内，或在树下石块、草丛等隐蔽处，傍晚成群结队上树取食，天亮时又爬回树下隐蔽。雄幼虫脱皮5次，雌幼虫脱皮6次，历经1个半月左右，约在7月上、中旬幼虫老熟，便在枝叶间、树干裂缝或石块下等处作薄茧化蛹。蛹期10～14天。7月中、下旬至8月，羽化为成虫。雌蛾体肥大，行动缓慢，常在化蛹处附近交尾。雄蛾活泼，常在白天翩翩飞舞，故有舞毒蛾之称示成虫有趋光性。每头雌蛾产卵1～2块，每块有卵200～300粒，卵在当年秋季即发育成小幼虫，但不孵化，以小幼虫在卵壳内越冬。

3.防治方法

(1) 采取杀卵块的方法压低越冬虫口基数，即春秋两季刮除枝干上的虫卵或在幼虫未孵化前，寻找越冬卵块，集中消灭。

(2) 利用幼龄幼虫群集的习性，或2龄以上幼虫白天潜伏的特点，进行人工捕杀，及时消灭幼虫群。

(3) 药剂防治，幼虫为害期，当虫量较大时，可喷布80%的敌敌畏乳油1500倍，或50%辛硫磷2000倍液效果均好。

(4) 利用成虫的趋光性，采取灯光诱杀。

(六) 舟形毛虫

分布全国，以幼虫为害树叶，严重时可将整株树的树叶食光。

1.形态特征

成虫体长22～25毫米，翅展50毫米、头胸淡黄白色，腹背土黄褐色。复眼黑色，触角浅褐色，丝状，雌蛾触角背面为灰白色，雄蛾触角各节两侧有淡黄色丛毛。前翅淡黄白色，基部有银灰色和紫色

各半的斑纹，外缘有银灰色至黑色斑纹6个排成1列。后翅淡黄色，近外缘有褐色横带。卵球形，淡绿色至灰褐色，产于叶背，几十粒成排。幼虫长50毫米左右，初为黄褐色，后变红褐色，老熟时近黑色，有光泽，全身被黄白色软毛。蛹长约23毫米，深褐至黑紫色。

2.发生规律

1年发生1代，以蛹在土中越冬。7～8月羽化，成虫有趋光性，交尾后产卵于叶背，常排列在一起，卵期7天。8～9月为幼虫期，幼虫5龄，老熟后陆续化蛹在土中越冬。

3.防治方法

(1) 冬季可结合果园耕作将蛹翻至地表。

(2) 幼虫分散前剪除幼虫群栖的枝叶集中烧毁。

(3) 为害严重时可喷50%敌敌畏1000倍液，75%辛硫磷、2000倍液；也可用青虫菌（含孢子量为100亿/克）800倍液防治。

（七）桃红颈天牛

全国各地均有发生。危害桃、杏、李子、樱桃等核果类果树及多种林木，以蛀食枝干为主。幼虫常于韧皮部与木质部之间蛀食，近于老熟时进入木质部为害，并作蛹室化蛹。严重者整株枯死。

1.形态特征

成虫体长 26 ～ 27 毫米。体壳黑色，前胸背面棕红色或全黑色，有光泽。背面具瘤突 4 个，两侧各有刺突 1 个。雄虫前胸腹面密布刻点，触角长出虫体约 1/2；雌虫前胸腹面无刻点，但密布横皱，触角稍长于虫体。卵长约 1.5 毫米，长椭圆形，乳白色。幼虫体长 42 ～ 50 毫米，体白色，头小，褐色，口器黑褐色，前胸大，后胸小，前胸背板扁平方形。胸足退化，极短小。腹部 10 节。蛹长 26 ～ 36 毫米，裸蛹，淡黄白色。

2.发生规律

每 2 年 1 代，以不同龄的幼虫在树干内越冬。成虫 6 ～ 7 月间出现，晴天，中午多栖息在树枝上，雨后晴天成虫最多。经交尾后，在主干及主枝基部的树皮缝中产卵，每雌虫可产卵 40 ～ 50 粒。卵期 8 天左右。幼虫在韧皮部与木质部之间为害，当年冬天滞育越冬。翌年 4 月开始活动，在木质部蛀不规则的隧道，并排出大量锯末状粪便，堆积在寄主枝干基部。5 ～ 6 月为害最甚。第三年 5、6 月间，幼虫老熟化蛹，蛹期 10 天，然后羽化为成虫。

3.防治方法

(1) 6 ～ 7 月间成虫出现时，可用糖：酒：醋 = 1 ： 0.5 ： 1.5 的混合液，诱集成虫，然后杀死；也可采取人工捕捉方法。

(2) 虫孔施药，有新虫粪排出的孔，将虫粪除掉，放入 1 粒磷化铝（0.6 片剂的 1/8 ～ 1/4）；然后用泥团压实。

(3) 成虫发生前树干涂白，防止成虫产卵。

(4) 及时除掉受害死亡树。

（八）桃粉蚜

又名桃大尾蚜。成、若蚜刺吸叶片，使叶面着生白蜡粉并向背面对合纵卷。蚜虫蜜露常引起霉病，使枝叶墨黑。

1.形态特征

无翅胎生雌蚜长椭圆形，淡绿色，体被白粉。有翅蚜头胸部黑色，腹部黄绿或橙绿色，体背白蜡粉，腹管短小。若虫形似无翅胎生雌蚜，但体上白粉少。

2. 发生规律

每年发生 20 ~ 30 代。以卵在桃、杏等芽腋、芽鳞裂缝等处越冬。山桃、杏花芽萌动时越冬卵开始孵化。5 月为害最重，6 月蚜虫逐渐迁至蔬菜、烟草等植物上危害、繁殖，10 月中旬以后飞回桃树上交尾产卵。

3. 防治方法

(1) 药剂防治，开花前用 50% 对硫磷乳剂 2000 倍液；或谢花后用 40% 乐果乳剂 1500 倍液；或 20% 敌虫菊酯乳油 3000 倍液防治。

(2) 天敌控制，七星瓢虫、异色瓢虫、草蛉、食蚜蝇等都是其天敌。开花前天敌还没出蛰，仅食蚜蝇成虫已活动，可施用农药治蚜，以后避免反复喷药，可保护、利用天敌治蚜。

（九）李小食心虫

又名李小蠹蛾，简称“李小”。主要分布于东北、华北、西北各果产区。辽宁锦州地区发生较重。主要为害李、杏、樱桃等。以幼虫蛀果为害，蛀果前在果面上吐丝结网，幼虫于网下啃咬果皮再蛀人果内。不久，从蛀入孔流出果胶，往往造成落果或果内虫粪堆积成“豆沙包”，不能食用，严重影响杏果产量和质量。

1. 形态特征

成虫体长 6 ~ 7 毫米，翅展 11.5 ~ 14 毫米，体背面灰褐色，前翅前缘有 18 组不很明显的白色钩状纹。卵椭圆形，扁平，乳白色，半透明，孵化前转黄白色。老熟幼虫体长 12 毫米，玫瑰红或桃红色，腹面色浅，头和前胸背板黄褐色，上有 20 个深褐色小斑点。腹部末端具有臀栉 5 ~ 7 齿。蛹 6 ~ 7 毫米，初期为浅褐色，后变为褐色，其外包被污白色茧，长约 10 毫米，呈纺锤形。

2. 发生规律

一年发生 2 ~ 3 代，以老熟幼虫在树冠下距离树干 35 ~ 65 厘米处，深度为 0.5 ～ 5 厘米的土层中作茧越冬，少数在草根附近，石块下或树皮缝隙结茧越冬。当花芽萌动时，越冬幼虫出土，初花期，越冬幼虫开始化蛹，蛹期 22 天。开花期成虫开始羽化产卵，卵期 5 ～ 7 天，卵多产在果面上，孵化后吐丝结网并蛀人果内，被害果停止生长，随后脱落，幼虫随果落地、入土。大约 1 个月后出现第一代成虫，以后世代重叠，到 9 月下旬，第三代幼虫老熟入土作茧越冬。

3. 防治方法

(1) 加强杏园管理，及时消除落地果，可集中烧毁或深埋。春季翻耕树盘，以消灭越冬幼虫。

(2) 成虫发生期，喷布 50%杀螟松乳油 1 500 倍；或 2.5%溴氰菊酯乳油 3000 ～ 4000 倍液，20% 杀灭菊酯乳油 4000 ～ 5000 倍液，连续喷布两次。

(3) 利用成虫的趋光性和趋化性，进行灯光诱杀或糖醋诱杀。

参考文献

[1] 张加延，张钊 . 中国果树志杏卷 . 北京：中国林业出版社，2003

[2] 王玉柱，张洪，等 . 北京市林果乡土专家培训系列口袋书杏树篇 . 北京：中国农业大学出版社，2010

[3] 王玉柱 . 杏栽培技术 . 北京 : 中国农业出版社，2001

[4] 王玉柱，孙浩元，等 . 杏、李生产关键技术百问百答 . 北京：中国农业出版社，2006

[5] 河北农业大学主编 . 果树栽培学各论（北方本）. 北京：农业出版社，1992

[6] 王玉柱，孙浩元，等 . 我国杏树发展现状分析及建议 . 中国农业科技导报，2003（2）

[7] 陈钰，郭爱华 . 我国杏种质资源及开发利用研究 . 天津农业科学，2008,14（2）

[8] 苑兆和 . 杏属植物种质资源分子系统学研究 . 山东农业大学博士学位论文，2007

[9] 王玉柱，胡南，等 . 若干杏品种果肉色泽与维生素含量的测定 . 果树科学，1999，16（1）:51 ~ 54